敗者の生命史 38億年

靜岡大學教授/生物學家
稻垣 榮洋

敗者為王

進化論忘了告訴我們的事

奔跑吧！

為求生存，奔向唯一

我們是從海洋被趕出來的生物的子孫
唯有逃跑才能進化，才能成為這世上的唯一霸主

序

由敗者編寫的故事——三十八億年前

敗者——看到這個名詞，不知諸位產生會怎樣的想法？戰敗的輸家？弱小、可悲的存在？讓人忍不住一掬同情之淚？但是，真的是這樣嗎？回顧生命進化的過程，你會發現這樣的想法未免太膚淺了。生命進化的歷史，是一部戰爭的歷史。在生存競爭中滅亡的物種並不少見。的確，打輸了就此消失的敗者，是弱小的，是悲慘淒涼的。

然而，**弔詭的是，在長達三十八億年的悠久生命歷史中，最終存活下來的往往是敗者。生命的歷史便是由這些敗者創造出來的**。最讓人感到不可思議的是，消逝滅亡的竟是所謂的強者、勝者。我們人類，是這進化過程最終的產物、末裔；可以說是敗者中的敗者。

到底這些時代的敗者是如何存活下來的，又是如何開創新時局的呢？

這便是本書想要探討的主題。

生命到底是怎樣出現、產生的呢？

故事的開頭充滿了謎團。

在什麼都沒有的世界，它出現了。

那裡沒有前、沒有後，沒有左、沒有右。在那裡，空間是不存在的。然後，那裡也沒有古、沒有今，沒有長、沒有短。甚至連時間都不存在。

在那樣一個什麼都沒有的世界宇宙誕生了。這是遠在一百三十七億年前發生的事。終於在一片漆黑的宇宙空間裡，太陽出現了，被稱為「地球」的小行星誕生了。這是四十六億年前的事。

在什麼都沒有的宇宙空間裡出現的小行星——地球。**在那個地球上開始有了生命的鼓動，是三十八億年前的事**。

「在很久以前，一個遙遠的銀河系……」

這是電影《星際大戰（Star Wars）》的開場白。

地球上有生命誕生，不過是銀河一隅發生的一件小事。生物來自於無生物。從什麼都沒有的地方，突然出現了什麼。從0到1、從無到有，是在什麼時候發生的呢？具體來講，又是怎麼一回事呢？

生命的起源充滿了謎團。這個世上幾乎不可能發生從0到1、從無到有的事。然而，生命的誕生就是一個從0到1、從無到有的奇蹟。遺憾的是，生命是如何從0到1、從無到有的，我們並不是很了解。

構成生命的基本元素是DNA。根據DNA的密碼，蛋白質被製造出來。因此，如果沒有DNA，就不可能產生蛋白質。然而，在合成蛋白質的時候，蛋白質酶也發揮了作用。換句話說，如果沒有蛋白質，DNA就無法運作。所以，到底生命的起源是DNA在先呢？還是蛋白質在先呢？這始終是個難解的謎題。

從0到1、從無到有，簡直比登天還難。但是從一到十、從十到百就簡單多了。

誕生在地球的小生命完成了各式各樣的進化。它們進化成在陸上跑的野獸、在天空飛的禽鳥。甚至進化成擁有複雜大腦、各種情緒，能創作出美麗音樂和繪畫的人類。

不過，這些變化並不像從0到1、從無到有，那麼地充滿戲劇性。不管看起來多麼創新，所有的進化都是在一定基礎上，將現有的東西加以改良，或是重新組合而已。

話說，要讓1從0生出來，進而發展成十或百，不可或缺的東西是什麼呢？這最最關鍵的因素，便是所謂的「錯誤」。

生命，是不斷的複製。然而，只是重複單一且無聊的複製，是不可能出現任何變化的。**在不斷複製的過程中，偶爾會有失誤發生。因為這失誤的重複發生，生物才有可能產生各種不同的變化**。

只是，要讓這源自錯誤的變化真正發揮影響力，需要很長一段時間。為什麼這麼單純的過程可以持續三十八億年不間斷呢？而又是為什麼生物可以憑藉這麼單純的過程，完成各種不同的進化呢？

錯誤，錯誤是唯一的答案。生命不斷犯錯，然後，有一天，這個錯誤突然創造出前所未有的新價值，進而促成生命的進化。

犯錯的生命到底有沒有價值？這個我不知道。但，有一點我可以肯定的是：生命在三十八億年的歷史中，能夠克服不斷來襲的嚴酷環境，並代代傳承下去，就是因為它是個會犯錯的存在。

錯誤到底有沒有價值？至少對身為生命末裔的我們來說，「錯誤」具有非常重要的意義，這點生命的歷史已經證實了，不是嗎？

存活下來的生命，其歷史蘊含了真義。本書希望讀者能透過這些真義，學習在現代社會中生存的智慧。

生命出現至今已經有三十八億年。那是一部漫長無止盡的歷史。要去想像、模擬生命剛出現時的遠古時代，或許不是件容易的事。然而，你今天之所以在這裡，是因為你的祖先當時在這裡。

是因為地球自有生命出現以來，基因世世代代毫無間斷地被傳承下去。這個基因慢慢演變成你的祖父母，由你的父母承接下來，然後又變成了你。三十八億年來，你身上的基因毫無間斷地被保留到現在，你的存在便是最好的證明。

來吧，且讓我們回溯這三十八億年的生命歷史吧！

同時，它也是刻印在我們身上的ＤＮＡ之旅。

二〇一九年二月

稻垣榮洋

※本書的內容，主要在記述三十八億年前到四百萬年前的生命歷史。有時未必按照年代的先後順序來記述歷史，那是因為筆者認為這樣說明有助於讀者的理解，尚請察知。

目錄
Contents

3 能不動就不動——二十二億年前

4 破壞者或創造者——二十七億年前

5 死的發明——十億年前

6 逆境後的飛躍——七億年前

10 前進乾涸的大陸——五億年前

11 然後，恐龍滅絕了——一億四千萬年前

12 消滅恐龍的花朵——一億年前

20 從進化得到的答案

後記 最後是敗者活了下來

Chapter

1

從競爭邁向共生——二十二億年前

DARWIN

謎樣DNA的發現

細胞裡面有許許多多的小器官，這些小器官分別負責不同的任務；因為它們的各司其職，細胞得以進行生命活動。比方說，核糖體（Ribosomes）主要負責蛋白質的合成。高基氏體（Golgi apparatus）則負責幫蛋白質加工，「修飾蛋白質」。如果把核糖體比喻為生產商品的工廠，高基氏體就是負責包裝、配送的部門，而溶體（Lysosome）則具有分解、處理異物的功能。

在一眾小器官中，最重要者非「粒線體（mitochondrion）」莫屬。粒線體的功能是行有氧呼吸，在細胞內生產能量。一個細胞中存在著數百個粒線體，負責製造生命活動所需的能量。此外，細胞裡有細胞核，細胞核裡有DNA，有關生物的重要遺傳資訊，都保存在裡面。

然而，就在一九六三年瑞典生物學者馬基特・納斯（Margit. M. K.Nass）在細胞內的小器官、粒線體中，發現了DNA的存在。而且，粒線體的DNA還和細胞核內的DNA明顯不同，完全是個獨立的個體。這個DNA便是所謂的「粒線體ＤＮＡ」。

細胞藉由複製ＤＮＡ，進行細胞分裂，達到擴增的目的。粒線體在細胞內增殖，伴隨著細胞分裂，被分配到每個細胞中。粒線體本身簡直就像是住在細胞裡的生物。

同樣的ＤＮＡ，同樣在一九六三年，由哥倫比亞大學的石田正弘博士在植物細胞專有的葉綠體中發現。葉綠體有葉綠素，對植物而言，是負責行光合作用的重要器官。這個葉綠體也擁有獨自的、不同於細胞核ＤＮＡ的葉綠體ＤＮＡ，在細胞內進行繁殖。

細胞的小器官（胞器）

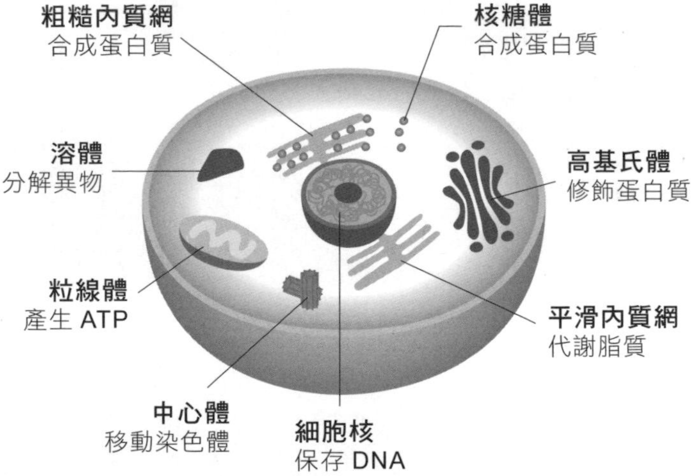

為什麼本是小小細胞器的粒線體或葉綠體，會有自己的ＤＮＡ呢？

一九六七年，美國生物學者琳・馬古利斯（Lynn Margulis）提出了「細胞內共生學說」，她認為粒線體或葉綠體原本也是獨立的生物，是因為被吞噬了而進入細胞之中。細胞裡面，住著被吞噬的其他生物，這樣的理論一開始被當成標新立異的奇說，但現在已經被廣泛地接受。

不過，話說回來，粒線體或葉綠體是怎樣成為細胞內的小器官呢？

從原核生物到真核生物

生物是從沒有核的原核生物，一步步進化成擁有核、能將ＤＮＡ收納整齊的真核生物。原核生物就是現在統稱為細菌（Bacteria）的生物。像：大腸菌、乳酸菌之類的細菌，就是原核生物。另一方面，由單一細胞構成的單細胞生物，像：變形體或草履蟲等，便是有細胞核的真核生物。

有核的好處，就是可以把ＤＮＡ收拾整齊在細胞核內，進而可以擁有更多的

ＤＮＡ。就好像比起把東西丟得到處都是，把它們裝箱收好，能夠利用的空間會大很多，是同樣的道理。

也就是說，把ＤＮＡ都收進細胞核中，這樣細胞核外就可以放置更多小器官。不過，從原核生物進化到真核生物的過程中，真核生物的許多小胞器都變得十分發達，構造也變得更加複雜。

到底，這中間發生了什麼事？從原核生物到真核生物，這進化的過程充滿謎團。而足以說明原核生物與真核生物差異的，便是所謂的「細胞內共生學說」。

細菌

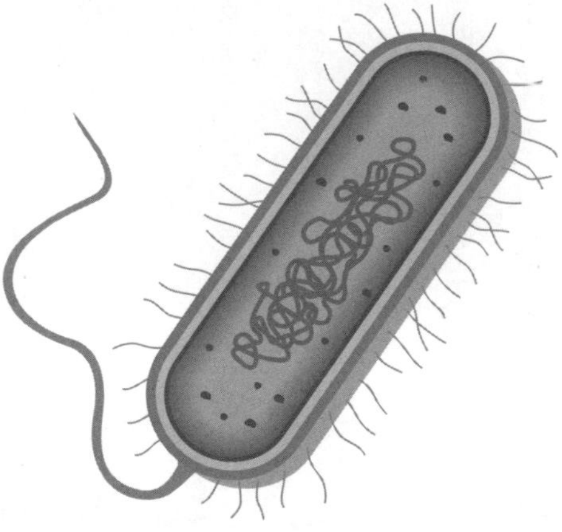

弱肉強食的起源

自然界就是弱肉強食的世界。強者以弱者的肉為食，此乃大自然的定律。百獸之王獅子襲擊斑馬而食。天上的老鷹捕捉地上的老鼠為食。大魚吃小魚、小魚吃更小的魚或浮游生物。但大魚也有可能被鱷魚或虎鯨吃掉。這些都是自然運行的道理。

這種弱肉強食的法則到底是從什麼時候開始的呢？

早在遠古的恐龍時代，肉食性恐龍就會攻擊草食性恐龍而食了。而在更早更早以前，陸地上還沒有生物進出，只有魚類稱霸海洋的那個時代，就已經是弱肉強食了。於是，弱小的魚只好靠如盔甲的硬皮來保護自己，以免遭天敵的毒害。

在魚類出現之前的古生代，也就是五億年前，海底還有三葉蟲的時代。在那麼早的時代裡，就已經有弱肉強食的情況。古生代的海有一種名叫「奇蝦（Anomalocaris）」的超兇猛肉食生物，就是以比它弱小的魚類為食。

弱肉強食乃世間常態。

到底從什麼時候開始生命的歷史如此暴戾、充滿殺伐之氣呢？這個起源非常之早。恐怕從生命還是單細胞生物的年代，就已經是強者吃弱者的弱肉強食世界了。

共存之道

單細胞生物們把弱肉強食的文化徹底發揚光大。小的單細胞生物被大的單細胞生物所吞噬；然後，大的單細胞生物又被更大的單細胞生物吃掉。當時的世界就是這樣。

如今像阿米巴變形蟲這類的生物，也還是會把單細胞生物捕食進細胞內，再消化它。不過，在一次偶然的機緣之下，被吞噬的單細胞生物竟然沒有被消化掉，而在捕食它的細胞內住了下來。恐怕，粒線體或葉綠體的祖先就是這樣被當作食物，給抓進了比它大很多的細胞內。

粒線體的祖先是行有氧呼吸的細菌。於是，被吞噬卻沒有被消化掉的粒線體祖先，開始在細胞內產生能量。另一方面，被吞噬的葉綠體的祖先，則在細胞內進行光合作用。於是，不小心將粒線體或葉綠體的祖先，捕食進細胞內的單細胞生物，因為這樣而獲得更多的能量。

不過，這對粒線體或葉綠體而言，也不是壞事。因為待在比自己大的生物體內，有了這一層保護，其他單細胞生物就不能來吃它了。

就這樣，大型單細胞生物與粒線體或葉綠體的祖先展開了共生。這便是現在已成定論的「細胞內共生學說」。

真核生物的出現

這時細胞裡面有了DNA不同的生物一起生活，自然就不可以把自己的DNA隨便擺放了。於是，細胞長出了細胞核，好把自己的DNA收納整齊。這便是真核生物。又或許真核生物的祖先原本就有細胞核，所以才能收容其他DNA與自己不同的單細胞生物吧！

不管怎麼樣，從原核生物進化到真核生物，差別就在多了個核。不過，正因為有了這個細胞核，才有辦法讓別的生物住進自己的細胞內。

順道一提，相較於動物細胞或植物細胞都有生成能量的粒線體，葉綠體卻只有植物細胞才有。

因此，據推測，粒線體被吞食進細胞內、與其共生的年代應該在更早之前，然後，成為植物祖先的單細胞生物，從成為動物祖先的單細胞生物中分化出來，之後，才開始了與葉綠體的共生。

吞食然後共生

可是……？

或許你會有這樣的疑問：把食物吃進體內，再與它共生，這種事真的有可能發生嗎？

事實上，現存的許多現象都可以應證「細胞內共生學說」。

比方說，有一種名叫綠色阿米巴（mayorella viridis）的變形蟲，會把綠球藻（Chlorella）這種單細胞生物吞噬進體內，再與它共生。而叫做「Convoluta」的扁形動物則會在體內與綠藻共生，再利用行光合作用得到的養分活下去。

日本海天牛（Elysia japonica）也是非常奇妙的生物。這種海天牛會經由進食藻類，吸收其葉綠體為己所用，從而獲得養分。把吃進肚裡的生物，當作自己的器官使用，或許會令你覺得很不可思議。然而，真相如何呢？

人體內存在著腸道細菌。腸道細菌就住在你我的腸胃裡，一方面防止病原菌的入侵，一方面分解不容易分解的食物纖維，產生維生素等代謝物，肩負著各種任務。看似高居進化頂端的人類，如果沒有腸道細菌，就沒辦法活下去。據說光是一個人腸子裡的腸道細菌就有一百兆個，甚至一千兆個。

這些腸道細菌原本是從外面來的。透過食物等媒介，我們經由嘴巴，讓大腸菌進入體內，並與其共生。站在進化的最頂端、好像很了不起的人類，所做的事跟數十億年前的單細胞生物並沒有什麼不同。所以，**跟吃進去的食物共生，並不是什麼稀奇的事**。

競爭不如共生

因為這種共生，讓單細胞生物一口氣完成了進化。

自然界是弱肉強食的世界。生死攸關的鬥爭無時無刻上演著。況且，自然界沒有像人世間的規矩或法律，更沒有所謂的道德或羞恥心。那是個什麼事都有可能發生的嚴酷世界。

不過，就在這裡面，生物們竟想出了互助合作的「共生」策略。即使到現在，自然界裡互相利用、各取所需的「互惠共生」現象，亦隨處可見。比方說，植物提供花蜜給昆蟲，昆蟲幫助其授粉；鳥類吃植物的果實，再幫它傳播種子；蚜蟲分泌蜜露給螞蟻吃，螞蟻則負責保護它。

弱肉強食的世界，不是你死就是我亡，不是吃其他生物就是被吃。可是，就在如此暴力殺伐的自然界中，生物竟然從互相競爭、搶奪，發展出雙贏的合夥關係。比起互相競爭，互相幫忙的效果會更好。這是生物從嚴苛的自然淘汰遊戲中領悟到的真理。而它們最初的嘗試就是在細胞內，與粒線體或葉綠體的祖先一起共生開始。

連核都沒有的單細胞低等生物，是誰教會他們這「互助合作」的戰略的？

沒有人知道。

不過，單細胞生物開始共生、真核生物出現的那個時代，正是地球環境出現大規模變化的時候。所謂的「雪球地球（Snowball Earth）」時期。顧名思義，就是地球完全為冰雪所覆蓋的狀態。大氣的溫度來到攝氏負四十度，地球整個結冰了。現今無法想像的劇烈環境變異襲捲了地球。

這個全球凍結幾乎使地球上的生命全數滅絕，乃巨大的環境變化。不過，這中間還是有一些生命隱藏在深海底或地底下而倖存下來。然後，這起大事件之後，吞食粒線體，選擇與其共生的真核生物就出現了。

到底發生了什麼事？真相沒有人知道。不過，嚴苛的地球環境造就了懂得互相幫忙的單細胞生物。

也許，在嚴酷劇烈的環境變化中，能力不同的生物結合在一起，才是最有效率的生存之道吧！

我們的祖先原核生物

從原核生物進化到真核生物的過程，我們再仔細說明一下。

最初出現在地球的生物，是沒有核的原核生物。這個原核生物後來分成了兩大類。一類是現在仍為主流、被稱為「Bacteria」的生物。Bacteria一般統稱為「細菌」，可當原核生物的細菌被分成兩大類時，這個時候的Bacteria就會被稱為「真細菌（Eubacteria）」。

另一類則是被稱為「Archaea」的生物。不像乳酸菌、大腸菌、霍亂弧菌等，都是活躍於我們生活周遭的細菌，Archaea人類比較接觸不到，因為它們都生活在類似古代地球的特殊環境中。因此，Archaea中文就叫做「古細菌」❶。

這樣稱呼只是為了方便分類，並沒有誰出現的年代比較早的意思，因為感覺比較老舊，所以Archaea被稱為「古細菌」。像在深海底或地心中會釋放出甲烷的細菌，便是一種古細菌。還有會吃鐵的細菌、待在熱水噴出孔的「嗜熱菌」等，很多古細菌都是棲息在我們所謂的極端惡劣環境中。

其實，這些古細菌才是我們人類的祖先。某些古細菌有了核，變成了真核生物，並吞噬粒線體或葉綠體的祖先為食，成功地完成了進化。

據推測，人類的祖先古細菌沒辦法自己製造養分，必須進食其他單細胞生物才能存活，乃所謂的「異營生物（Heterotroph）」。

另一方面，它們吃進去的粒線體或葉綠體的祖先，屬於真細菌的一種。我們的細胞乃是古細菌和真細菌共同合作產生的。

生生不息的細菌們

由原核生物到真核生物是生物史上耀眼的進化。

之後，真核生物明顯地加快進化的腳步，衍生出各種動植物。和真核生物稱霸整個地球相比，連細胞核都沒有的原核生物們，就被認為實在是太原始、太落伍了。

然而，真相如何呢？他們真是所謂的失敗者嗎？

落後時代長達二十七億年的原核生物，至今仍未滅亡。熬過漫長的地球歷史存活了下來。它們抗拒進化成更大、更複雜的生物，始終堅守著最單純的型態。

它們身上的基因很少。基因少，複製的速度就快，能迅速且大量的繁殖。基因少，變動的速度也快，適應環境的能力也會更強。許多生物出現了，許多生物滅亡了，在這潮起潮落之間，細菌始終維持著沒有核的單細胞生物，不曾改變。

古時代的原核生物，現在我們叫它為細菌。它們完全沒有滅絕的跡象。不僅如此，還在地球上遍地開花、非常興旺。從高空八千公尺的大氣層，到水深一萬一千公尺的深海底，都有細菌的存在。據說細菌有幾百萬種、甚至幾千萬種，但具體到底有多少種，沒有人知道。反正它無所不在就對了。

我們身邊亦隨處可見細菌。製造優格或起司的乳酸菌、製造納豆的枯草桿菌，這些全是細菌。霍亂、結核菌等，威脅人類性命的病原菌，很多也都是細菌。除此之外，**在人體內與我們共生的腸道菌也是一種細菌**。

它們絕對不是落伍者，更不是失敗者。它們是選擇單一型態、化繁為簡的成功者。

如果真的有所謂高智慧的外太空生物在觀察地球的話，他們一定會發現這世上活得最好的是細菌。然後，或許他們會得到：細菌才是進化得最成功的物種之結論吧？

❶編按：在台灣或稱做「古菌」。

Chapter

2

單細胞團隊的建立——十億～六億年前

DARWIN

多細胞生物的緣起

我們經常會罵無腦、沒常識的人為「單細胞生物」。

不過，所謂的單細胞生物，是單單只有一個細胞的生物。所以，不管一個人的頭腦再如何簡單，他都不可能是單細胞生物。據說人類的身體由七十兆個細胞所組成，所以人類絕對是多細胞生物；也就是一群細胞組成的生物。

話說回來，多細胞生物是怎麼產生的呢？

很久很久以前，單細胞生物開始與粒線體等細菌共生，它的結構因此變複雜了，細胞也變大了。不過，細胞變大也是有極限的。於是，細胞聚集在一起，摸索著如何才能變得更大。如果分裂後的細胞不離開而是靠攏在一起的話，那麼即使單一的細胞再小，還是可以組成一個大的結構體。

群聚的好處

至今，生物依然選擇群聚。

正所謂「團結力量大」，「群聚」是弱小生物保護自己的慣用手段。的確，越是弱小的生物，越傾向於成群結隊。一大群小沙丁魚游在一起，大魚就吃不到它，斑馬也是集結成群地以嚇阻獅子的進犯。

群聚對保命而言，可謂好處多多。比方說，斑馬之所以成群結隊，為的是提升其抵禦天敵的能力。比起個別單獨警戒，許多同伴一起警戒，會更容易發現天敵。此外，獨自一頭在吃草的話，很容易就為天敵所狙擊，此時若有沒在吃草的同伴在一旁幫忙戒護的話，自己就可以專心吃草了。

再者，群聚也可以降低自己被攻擊的機率或風險。就算獅子發動攻擊好了，一次頂多只能獵食一隻。現在，我們有一大群，有這麼多隻斑馬，總不會正好挑中我吧？

群聚還有提升防禦力的好處。當麝牛遭受狼的攻擊時，牠們會把小牛放在中間，然後圍成一個圓陣，犄角一致對外。一對犄角防禦的範圍有限，但如果是像這樣圍成一圈的話，就可以三六十度無死角地有效防護了。

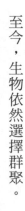

細胞聚集的理由

細胞之所以聚集在一起，提高防禦力應該也是理由之一吧？

單一細胞必須靠自己防守四面八方。但，如果兩個細胞排排站在一起，那防守的範圍就只剩下一半。然後，如果是一群細胞聚在一起的話，內側的細胞肯定會比較安全。換句話說，當細胞組成的群體越大，待在內側的細胞就會越安全。

日文的沙丁魚，漢字寫做「鰯」，魚字旁加個「弱」字。名副其實，牠們真的是很弱小的魚。弱小的沙丁魚，為了保護自己不被天敵吃掉，總是幾萬條聚集在一起。現在，我們在水族館等地方亦可看到沙丁魚的魚群展示。一會兒左、一會兒右，一起行動的「沙丁魚群」十分壯觀。餵食秀時，一整群沙丁魚捲起如漩渦般的「沙丁魚龍捲風」，更是水族館的賣點。

只要有一部分的魚動，整個群體就會一起動。看著壯觀的沙丁魚群，你真的會覺得它們是有意識地在動。事實上，這也是小魚們想要製造的效果之一。

沙丁魚群，你把它想成一個巨大的生物也行。

細胞也是一樣的。細胞經過不斷的分裂，慢慢形成一個集合體。說穿了，就是從一個細胞變成一團細胞。雖然這團細胞裡有很多細胞，但大可將它視為一個集合體。就這樣，**細胞先聚集在一起，再慢慢發展成擁有共同身體的生命體。這便是多細胞生物的由來。**

海底城市的居民

紅遍全世界的美國電視卡通《海綿寶寶》（SpongeBob），主角是塊黃色海綿。故事的場景是一座海底城市。裡面住著海綿寶寶的朋友們，有螃蟹、章魚、海星等海洋生物。為什麼一群海洋生物裡會夾雜著一塊海綿呢？難道它是被丟進海洋的垃圾？恐怕有不少人會這麼認為吧！

事實上，「Sponge」這個詞在日本話指的是名叫「海綿」的海洋生物。多細胞生物的海綿擁有非常柔軟的構造，自古便被拿來作為清潔、洗滌之用。後來因為塑膠盛行，天然海綿便被合成樹脂做的人工海綿所取代。

被稱為「Sponge」的海綿生物，純粹就是細胞聚集在一起的細胞塊。海綿是極原始的多細胞生物。

海綿寶寶的身體充滿孔洞，那是因為牠身上的細胞是單純地聚在一起。假如把海綿切開的話，每個部分都可以重新組織，繼續生存的。

多細胞生物的分工

細胞一開始只是聚集在一起。這個由細胞組成的集合體被稱為「群體」。不過，聚在一起後，細胞開始分工，各自承擔起不同的責任。

比方說，待在集團外面的細胞，不管願不願意，都會被賦予守衛集團的任務。相對地，待在集團中間的細胞，因為有了其他細胞的守護，就不須費力氣在保護自己上面。於是，它必須提供外側細胞營養，做它們強力的後盾。如此一來，是不是比各自保命要來得有效率多了？

就這樣，它們的責任分工越來越明確。細胞彼此之間進行物質交換，互通訊息，各自扮演好自己的角色。於是，幾個細胞合作，共同執行一個生命活動的多細胞生物誕生了。

分工合作要比單打獨鬥來得輕鬆。這種共生的思想，早在真核生物與粒線體共生時就已經出現了。

複雜的單細胞生物

多細胞生物是許多細胞分工合作，共同完成的一個生命體。

人類便是多細胞生物。我們的身體會不斷產生新的細胞，舊的細胞則相繼死去。就算我們還活著，我們的皮膚細胞也會相繼死去，變成角質汙垢。我們的頭髮和指甲是死去細胞做成的，終有一天會離開我們的身體。

反過來說，如果我們死了，胃袋的細胞也好，指尖的細胞也罷，最終也會完全死絕。我們的身體是由七十兆個細胞所組成的。人類確確實實是許多細胞聚合組成的多細胞生物。

就這樣，多細胞生物一步步進化成更複雜、更龐大的生物。

但是……現在仍有許多自始至終只有一個細胞的單細胞生物生存在地球上。

比方說，眼蟲藻（Euglena）❷或草履蟲，它們雖然是單細胞生物，卻發展出複雜的器官，進行著高度的生命活動。傘藻（Acetabularia）❸是單細胞生物沒錯，卻擁有長達十公分的巨大身體，發展出類似葉子的構造。

仔細想來，本來就沒必要搞得那麼複雜，不是嗎？是誰規定一定要拼命長大的？冷靜思考一下，想活著的話，只要一個細胞就夠了。

古人云：「知足常樂，四大皆空。」光就活著這件事來想，不需要高能力或是高智慧，單細胞就已經很夠用了。

不要再拿「單細胞！」這個詞來罵人了。單細胞生物可是非常有悟性且聰敏的生物呢！

多細胞生物出現的理由

在我們居住的地球上，到底是從何時開始出現多細胞生物的？這個問題至今仍未得到答案。不過，多細胞生物的出現應該也跟「雪球地球」脫不了關係。

讓地球整個結冰的急速全球凍結，據推測曾經發生過多次。第一次的雪球地球發生在距今二十三億年前。前面已經說過，這次的全球凍結之後，地球上開始出現了真核生物。

接下來，是大約七億兩千萬年前的「史都提安冰河期（Sturtianglaciation）」，以及六億三千萬年前的「馬力諾安冰河期（Marinoanglaciation）」，地球再度受到冰雪的侵襲。然後，在這之後的地層就出現了多細胞生物的化石。

活在宛如冷凍庫的嚴苛環境中，生物們到底遇到了什麼事？它們又是如何存活下來的呢？我們可以盡情發揮想像，但答案始終是個謎。

不過，有一點是毋庸置疑的，**劇烈的變化和苛刻的環境加速了生命的進化。生命，只有在苛刻的環境中才能完成進化**。

❷編按：藻類的一種，外型扁平呈長梭狀或圓柱狀，且帶有一條長鞭毛。其名字由來是因其有眼斑，這個特點與其趨光性有關。

❸編按：綠藻的一種，外型有細長傘柄，而頂端有一圈分枝，形成傘蓋，故得其名。

Chapter

3

能不動就不動——二十二億年前

DARWIN

超乎想像的奇妙生物

請你試著發揮想像力，想像一種最、最奇妙的生物——它可能有好幾個頭，或是沒有眼睛。然而，不管我們再怎麼想，都想不出比它更奇妙的生物。那就是「植物」。

植物沒有眼睛、沒有嘴巴、沒有耳朵。沒有手腳也沒有臉。不會走來走去，也不用獵捕食物。光靠太陽光就可以製造出能量。你想像得出比它更奇妙的生物嗎？

植物真的是很奇妙。

古希臘哲學家亞里斯多德曾給植物下了一個註解，他說：「植物是倒立的人類。」

我們攝取營養的嘴在上半身，植物攝取營養的根卻是在下半身。還有，植物的生殖器官（花）在上半身，人類的生殖器官則在下半身。就像「藏頭露尾」這句成語所說的，植物把頭扎進地底以獲取糧食，卻讓下半身整個曝露於地面上，刻意凸顯它的生殖器官。

植物就是這樣的生物，是姿態迥異於人類的生物。它所選擇的生存方式也與人類完全不同。這奇妙的生物——植物，到底是怎麼誕生的呢？

追溯祖先

中元或清明的時候，我們都會祭拜祖先，前往掃墓。

如果試著追溯你的祖先，你最遠可以追溯到哪裡呢？有人可能只能追溯到三代之前，也有人可以追溯到超過十代。你可以追溯到多久前的祖先，我不知道，可能是幾代或幾十代，但，且讓我們更往前追溯吧！

如果我們追溯到數十萬年前，便可找到人類共同的祖先。又，如果我們往前追溯個兩百萬年，便可找到包含直立猿人在內的「人屬」❹祖先。再往前追，我們便會發現人類和黑猩猩、紅毛猩猩等類人猿擁有共同的祖先，跟類人猿是親戚來著。類人猿是從體型小的猴子進化而來。科學家認為，連同猴子在內的哺乳類的祖先，是像現代老鼠一樣的小型生物。

這些哺乳類是由一部分的爬蟲類進化而來。然後再往前推，爬蟲類是由兩棲類進化而來，兩棲類又是由魚類進化而來。一直追到了古生代，人類也好，所有動物也罷，鳥類、蜥蜴、青蛙、魚，全部都可以追溯到同一個祖先。

不過，讓我們繼續追下去。時間倒退回古老的六億年前，我們脊椎動物的祖先跟昆蟲等節肢動物的祖先，也是同一個。就這樣一直往前推，可以追溯到我們動物和植物的共同祖先單細胞生物。是的，植物和動物是從同一個祖先分出來的遠房親戚。

雖說家譜裡的初代或始祖一向備受重視，但仔細想來，我們的祖先單細胞生物，還真是了不起的存在。

不過，即使擁有共同的祖先，動物與植物的形態或生存方式卻大不相同。它們是如何分道揚鑣，各自走上不同道路的呢？

擁有共同祖先的動、植物

話題回到二十七億年前。當時，集合多個細胞的多細胞生物還沒出現。但單細胞生物已經開始與細菌的共生。

我們的祖先單細胞生物，吞下了粒線體的祖先——某種細菌，開始與它共生。粒線體行有氧呼吸，能製造出莫大的能量。因為與粒線體共生，我們動物的祖先開始朝行有氧呼吸的生物邁進。

然後，事情發生了。與粒線體共生的單細胞生物中，有一部分生物吞下葉綠體的祖先，並開始與它共生。葉綠體和粒線體一樣，也是擁有獨自DNA的獨立生物。這便是植物的祖先。

一開始與粒線體共生的時候，動物的祖先和植物的祖先是同一種生物。不過，**自從有了與葉綠體的共生後，植物的祖先就踏上了與我們動物的祖先不同的道路**。

動物會動，但植物不會。

植物不像我們人類，會走來走去、四處移動。植物也不吃東西。曾經有人問我：「為什麼植物不會動呢？」

這個問題如果你問植物本身，植物肯定會這麼回答吧：「我才覺得奇怪呢，為什麼人類要動得那麼辛苦才能活下去呢？」

得到不動基因的植物

得到葉綠體的植物細胞，靠太陽光就可以行光合作用，根本不需要動。只要有光就行了，何必動來動去，白白浪費體力，乖乖待在光線充足的地方就可以了。還有，為了便於日照，細胞得排列整齊，有個框架罩住會更好。於是，為了打造更堅固的結構體，植物細胞發展出細胞壁。

再者，由於植物不會動，無法逃離病原菌的毒害。因此，細胞壁也有提高防禦力的功能。這就是為什麼動物細胞沒有細胞壁，而植物細胞卻有的原因。

不過，在沒有葉綠體、與植物細胞走不同進化路線的生物裡，也有和植物一樣是有細胞壁的；那便是「真菌（Fungus）」。真菌以不會動的植物為食，奪取植物行光合作用產生的養分以養活自己。和植物一樣，真菌選擇了不能移動的道路，不僅如此，它還讓自己有細胞壁。

就這樣，過著不能移動生活的生物們發展得越來越好。另一邊，跟真菌分手的生物則選擇了四處移動的積極戰略。換句話說，他們不採取防禦策略，而是積極地東奔西跑，把周遭的東西全部吃掉、消化掉。然後，如果不小心吃到有害物質的話，就代謝、分解，想辦法把它排出去。像這樣，若要積極進行物質交換的話，還是沒有細胞壁會比較好吧！

這就是動物的祖先。動物和真菌有些像又不是很像。不過，說到底，他們都無法自行製造養分，必須仰賴其他生物才能活下去，這種「異營」❺的生存方式可說是他們的共通點。

真核生物的最終選擇

如今，**地球上的真核生物分成：動物、植物、真菌，共三大類**。曾經，研究學者們將地球生物分成動物和植物兩類，至於菇類或黴菌等真菌，則被劃入植物界。不過，現在已經知道它們是不同於植物的生物。

不過，不管是動物、植物還是真菌，歸根究柢，它們都來自同一個祖先。真核生物的祖先，沒辦法靠自己製造養分，只能進食其他生物來獲取營養，是所謂的異營生物。然後，有一天它把粒線體吞進細胞內，並開始與其共生的生活。到這裡為止，動物、植物、真菌的演化過程都是一樣的。

然而，就在這裡面，有生物開始了與葉綠體的共生，它便是植物的祖先。而沒有和葉綠體共生的生物裡面，有的多了一個細胞壁，它便是真菌的祖先。至於，沒有細胞壁也不與葉綠體共生的，便是動物的祖先。

這種幫植物、動物、真菌奠定基礎的真核生物，突然快速進化，大量出現在地球上。這個現象被稱為「真核生物大爆炸」。

至於，同時在這個時候出現的植物、動物、真菌，彼此的關係又是如何呢？

根據**現代生態系統的理論**，**植物行光合作用，製造出養分，乃所謂的「生產者」**。相較於此，**以植物為食的草食性動物，或是吃草食性動物的肉食性動物，都必須仰賴植物才能獲取養分，就是所謂的「消費者」。而真菌靠分解植物或動**

物的屍骸獲取養分，則被稱為「分解者」。靠著植物、動物、真菌的各司其職，有機物得以建構起循環的生態系統。

幾乎與真核生物的出現在同一時間，撐起當前生態系的這三者的祖先，共同邁出了一大步，真是太神奇了。

葉綠體的魅力

因為擁有葉綠體，植物不需要四處移動、覓食就可以獲取營養。它不需要動，只要待在固定的地方，就可以不斷地製造出養分。於是，它的細胞變大了，葉綠體增加了，然後又製造出更多的營養。

就好像建立營運模式的小型工廠逐漸擴大規模一般，擁有葉綠體的細胞也變得越來越大。為了撐起變大的細胞，必須補強細胞的結構。於是，便有了細胞壁的產生。

而成為動物祖先的單細胞生物，則無法與葉綠體共生。他們必須四處移動、覓食才能獲取營養。於是，成為動物祖先的生物們，紛紛朝提升自己的運動能力邁進。

不過，和葉綠體共生還是比較方便、省事。而在進化的過程中，也有生物嘗試挑戰吞食不一樣的葉綠體。像黴菌這類的真菌就沒有葉綠體。於是，有些真菌會選擇與綠藻或藍藻這類擁有葉綠體的細菌共生，形成所謂的「地衣」。

此外，動物中也有人會把葉綠體吞入體內。像第二十六頁介紹過的日本海天牛就是靠進食綠藻，把葉綠素囤積在體內以獲取營養。從現代的眼光看來，吞噬葉綠體為己用這件事，仍是非常優秀的戰略。

❹編按：學名為Homo，今天生活在世界上的現代人，也就是所謂的智人是人屬唯一倖存的物種。
❺編按：指必須攝取現成的養分來維持物種的生存機能。異營包括：捕食、寄生和腐生三種。

Chapter

4

破壞者或創造者——二十七億年前

DARWIN

科幻片的近未來

核戰過後的地球。豐饒的大地為輻射所汙染，人類面臨滅亡的危機。少數僅存的人類逃到沒有輻射污染的地底下，想辦法活下去。

然而，令人驚訝的是，就在所有生命幾乎滅絕的地表上，竟然有一種生物靠著吸收滿滿的輻射能完成了進化，一步步支配了地球……，這簡直是科幻小說的情節！

然而，類似這樣的情節，地球上曾經發生過。不過，它可不是什麼古文明逃到地底下變成地底人的故事。事實上，這是一個跟植物誕生有關的故事。

讓我們把地球生命時鐘的指針稍稍往前調，調回植物的祖先單細胞生物，開始吞噬葉綠體的祖先之前。

名叫「氧氣」的劇毒

維持我們生命不可或缺的氧氣，原本是種有毒的氣體。氧氣會讓所有物體氧化、生鏽。就連鋼、鐵這類堅固的金屬碰到氧氣，也會被鏽蝕，變得不堪一擊。

當然，構成生命的物質也會氧化、生鏽。縱使我們人類的身體必須依靠氧氣才能活下去，但當氧氣過多時，便會產生所謂的「活性氧」❻，加速我們的老化。這樣的氧，可以說是威脅生命的有毒物質。

古代的地球並沒有「氧」這種物質存在。然而，**就在二十七億年前，名叫「氧」的劇毒突然出現在地球上。**

這起事件被稱為「大氧化事件（Great Oxygenation Event）」。為什麼原本沒有氧的地球會突然出現氧呢？這是個很大的謎。不過，科學家認為這跟名叫「藍綠藻（Cyanobacteria）」的怪物出現，脫不了關係。

藍綠藻，它到底是怎樣的生物呢？

新物種的出現

地球開始有生命誕生的三十八億年前。當時，地球上並沒有氧的存在，恐怕就像金星或是火星等行星一般，大氣的主要成分就是二氧化碳吧！

在無氧的地球上，最初誕生的微生物們是靠分解硫化氫，產生少許能量而活下去。對渺小的微生物們來說，那是個與世無爭的太平時代。

然而，突然有一天這平靜的日子被打亂了。利用陽光、產生能量，前所未有的新型微生物出現了。它們正是行光合作用，被稱為「藍綠藻」的細菌。藍綠藻的光合作用，是殺傷力非常強大的武器。

光合作用是利用光的能量，把二氧化碳和水轉化成葡萄糖等醣類。這種經由光合作用產生的能量非常強大，可以說是史無前例的技術革命。不過，光合作用有個缺點，就是無可避免地產生廢棄物。光合作用的化學反應在合成醣類時，會產生多餘的氧。氧便變為了所謂的廢棄物。就這樣，多餘的氧被排出藍綠藻的體外。

當然，那個時代並沒有公害防治法，氧氣得以任意排放。原本幾乎沒有氧氣的地球，因為藍綠藻的大肆活動，大氣中的氧氣濃度竟一下子升高了。

氧氣的危害

對生命而言，氧原是一種劇毒。

許多曾經在地球上繁衍興盛的微生物，因為氧氣而全數死絕了。氧氣濃度的上升，導致地球上的生物滅絕，**這起事件被稱為「氧氣大屠殺」**。

大屠殺（Holocaust）一詞，指的是二次世界大戰期間，德國人對猶太人進行的種族滅絕行動。其中包括用毒氣把人殺死的集中營。雖然這個講法有點聳動，但對當時生活在地球上的微生物而言，氧氣濃度提高，就是這麼恐怖的威脅。

然後，少數倖存的微生物只能潛藏到地底下或深海中等，氧氣到不了的地方，想辦法苟延殘喘地活下去。

於是，生命開始共生

話說，有一種怪物不僅沒被氧氣給毒死，還把氧氣吸進了體內，展開生命活動，真可說是置之死地而後生呀！

氧雖然有毒，但它也能產生爆發性的能量。氧就像把雙面刃。抱著「豁出去」的心態，朝邪惡氧氣出手的微生物，成功地製造出前所未有的巨大能量。它便是第十八頁介紹過的粒線體的祖先。然後，某種單細胞生物，把這像怪物的粒線體吞食下肚，選擇了讓自己也變成怪物的道路。

它便是後來成為我們祖先的單細胞生物。接著，這個單細胞怪物又利用豐沛的氧，製造出堅固的膠原蛋白（collagen），成功地讓自己的身體變大。然後，它再利用劇毒——氧，產生的強大能量，活潑地到處跑來跑去。

科幻電影裡描繪的核戰後的地球。生物因為吸收超強輻射能量變得無比巨大，成為凶暴的怪獸。而現今靠著氧氣讓身體變大，大口呼吸著劇毒氧氣的動物，在被滅絕的微生物眼裡，應該跟科幻電影裡的怪物沒有兩樣吧？

不僅如此，這些怪物裡，有的甚至把能產出氧氣的藍綠藻給吞下肚，藉由光合作用，完成了自營能量的進化。於是，藍綠藻在細胞中變成了葉綠體，獲得葉綠體的這種單細胞生物，就成了後來的植物。

不過，這是何等可怕的世界啊。

絕大多數和平共處的微生物，因為無法適應充滿氧氣的地球環境而滅亡了。

然後，這**瀰漫著氧氣的地球，就被排放出劇毒氧的怪物——植物的祖先，和利用這些劇毒的怪物——動物的祖先，給一分為二、徹底統治了。**

氧氣打造出的環境

行光合作用的生物們，釋放出氧氣，徹底改變了地球原本的樣貌。藍綠藻產出的氧，跟溶於海水的鐵離子產生了反應，形成了氧化鐵。然後，這個氧化鐵又沉入到大海中。

後來因為地殼變動，氧化鐵沉積形成的鐵礦床露出地表上。然後，又過了好久好久，地球歷史有了人類的出現，人類從這鐵礦床得到了鐵，並不斷發展冶鐵的技術。利用鐵，人類製造了農具，提高了農業生產力。後來，他們還製造了武器，打起仗來。這一切都是拜藍綠藻所賜。

不僅如此，被排放到大氣中的氧，更使地球環境產生巨大的改變。

當氧碰到太陽照射地球的紫外線時，會變成名叫「臭氧（Ozone）」的物質。

藍綠藻排出的氧氣，最終成為臭氧，因為無處可去，只好往上空飄，日積月累之下，便形成了所謂的「臭氧層」。這下地球環境可真是徹底改變了。

不過，這個臭氧層對生命的進化而言，可說是居功厥偉。曾經大量的紫外線照射在地球上。這個紫外線是皮膚的大敵，會破壞DNA，是威脅生命的有害物質。我們會用紫外線燈殺菌便是基於這樣的原理。

事實上，臭氧有吸收紫外線的功能。因此，在上空形成的臭氧層可有效阻擋射向地表的有害紫外線。之前紫外線直射、生命不存在的地表環境就此不變。

終於，**生活在海裡的藍綠藻與植物的祖先共生，變成了植物，並成功地登上了陸地**。靠著自己釋放出的氧，他們建立起新的住所。然後，他們又釋放出更多更多的氧，**打造出專屬於植物的樂園**。

恢復地球原有樣貌!?

植物是排出氧氣，徹底改變地球樣貌的環境破壞者。不過，現在地球的環境又要經歷一次徹底的改變。這次人類排放的二氧化碳是主要原因。

人類毫無節制地焚燒煤、石油等石化燃料，導致大氣中的二氧化碳濃度上升。然後，我們排放出的冷媒（Freongas）又破壞了過去曾經靠氧形成的臭氧層。被遮住的紫外線再度直射地表。然後，人類又大肆砍伐森林，使提供氧氣的植物減少。

生命三十八億年歷史的最後，站在進化頂端的人類，正在複製藍綠藻誕生以前的古代地球，恢復二氧化碳四溢、紫外線直射的環境。受到氧氣迫害而隱遁地底深處的古微生物們，肯定會在心裡竊笑：這風水也輪流轉得太快了吧？

滄海桑田，三十八億年以來，地球環境確實有了很大的改變。跟那比起來，人類造成的環境破壞不過是九牛一毛。

回顧藍綠藻出現以前的地球歷史，第一批行光合作用的微生物誕生是在三十五億年前。漸漸地，生在古代海洋的藍綠藻把氧氣散播了出去，一直到臭氧層的形成，這中間總共花了三十億年的時間。然後搬到陸地的植物把氧氣的濃度提高，又花了六億年的時間。

可人類對環境的破壞，卻是以百年為單位在進行的。這個速度是光合作用改變地球環境的一百萬倍以上。這種變化的速度，生物的進化怎麼可能追得上呢？絕大多數生命會因此而滅亡吧？就算有生物能倖存下來，人類本身能撐得過這樣的劇變嗎？

如果，從遙遠的星球有外星人在觀測地球的話，他們會怎麼看人類這種生物呢？不惜犧牲自己，也要恢復古代地球原本樣貌的「傻瓜」？抑或「勇者」？

❻編按：是生物有氧代謝過程中的副產品，最著名的是所謂的「自由基」。

Chapter

5

死的發明——十億年前

DARWIN

有男有女的世界

為什麼這世界上，有男生也有女生呢？因為有男有女，導致我們必須花費相當多的時間與精神。從小時候開始意識到異性以來，男生得想辦法裝酷，女生則要把自己打扮得可可愛愛的。

進入青春期以後，一想到暗戀的對象就夜不能眠，情書是寫了又撕、撕了又寫。每逢情人節或白色情人節時，荷包總要大失血。談個戀愛吧，功課也顧不上了，社團活動也沒心思參加了。守著電視準時收看心儀偶像的演出，參加演唱會，砸錢買ＣＤ或寫真集……。

長大成人後，男的嘛，約會要搶著付錢；女的嘛，要治裝、弄頭髮。可一旦失戀的話，會好幾天都意志消沉、生無可戀。說到底，這一切都是因為世間有男有女的關係。

不過，不只是人類喔。動物裡的鳥、魚，甚至是昆蟲，都有分雌雄。就連植物，也有所謂的雄蕊和雌蕊。

為什麼，生物會有兩種性別呢？

小姐姐的機智妙答

有一個電台的叩應節目開放給小朋友打電話進來，由專家來回答他們心中的疑問。不過，偶爾會碰到令人臉紅心跳的問題。像曾經有個小男孩這樣問道：

「為什麼會有男生和女生？」

世上有男也有女，這對大人而言，乃是天經地義的事，不過，仔細想來，生物不是非得分雌雄不可。兩性的存在，其實是件很神奇的事。「為什麼？」年幼孩子的天真提問，反而切中問題的核心。

電台的叩應節目主打的就是專家、學者會針對科學的提問，做出淺顯易懂的說明。不過，偶爾還是會有專家被小朋友的單純問題給問倒了。

負責回答的老師顯得有些心虛。「〇〇小朋友，你知道X染色體和Y染色體嗎？」他解釋道，可年幼的孩子怎會知道這種事呢？他的反應是一頭霧水、莫名其妙。

氣氛變得有點尷尬。一旁主持的小姐姐終於忍不住插話：「〇〇小朋友，我問你喔，你覺得只能跟男生玩，還是男生、女生大家一起玩，比較有趣呀？」

「當然是大家一起玩比較有趣……」

「那就對啦，所以一定要有男生也要有女生囉。」

「嗯。」小男孩似乎懂了，開開心心地把電話掛上。我打從心裡佩服電台小姐姐給的答案。

「有男生也有女生才會有趣呀」。這正是生物進化到後來之所以分出雌雄的理由。

現有資源的限制

也許有人會想，之所以有男有女是為了傳宗接代，留下後代子孫。不過，就算沒有兩性，也是可以繁衍子嗣的。

很久以前，誕生在地球的單細胞生物就沒有雌雄的分別，藉由單純的細胞分裂，它們就可以繁殖增生。事實上，直到今日，單細胞生物仍然只靠細胞分裂來增加數量。

不過，靠細胞分裂來繁殖增生，不過是複製原來的個體。因此，不管數量再怎麼多，複製出來的都是同樣性質的個體。當所有個體的性質都一樣的時候，一旦環境出現變化，變得不再適合生存時，就有可能全軍覆沒、全族滅亡。

相反地，如果同時存在著許多性質不同的個體的話，就算環境改變，這中間總有生命能存活下來吧？因此，若要克服環境的變化，與其不斷增加同質的個體，不如讓個體變得多樣、多元化，這樣對生存才會比較有利。

既然如此，那要怎麼做才能增加跟自己不一樣的子孫呢？

雖然生命是藉由不斷地複製基因來進行繁殖，但不代表複製的過程百分之百是正確的。生命偶爾會出錯，試圖改變。不過，犯錯能產生的變化很小，會變得更好的可能性也不高。

當環境的變化越大時，生物就必須有更大的改變。那麼，要怎樣做才能大幅改變自己呢？光靠手上現有的基因來繁衍子嗣的話，只能製造出和自己一樣或差不多的子孫。所以，**如果想製造出和自己不同的子孫，必須從其他個體那邊借來不同的基因**。

比方說，單細胞生物的草履蟲，平常都是行細胞分裂來進行繁殖。可是，這樣就只能複製自己了。因此，當草履蟲的兩個個體不小心相遇的話，它們會緊緊地抓住對方，進行基因交換。藉由這種方式，讓基因有所變化。

效率高的交換方式

為了得到自己沒有的東西而進行基因交換。只是，既然都花力氣交換了，如果還找跟自己相同的對象就沒有意義了。

打個比方，請試著想像參加以擴展人脈為目的的跨界交流會。會場上，清一色的西裝領帶打扮，根本分不出誰是誰。你滿場跑，好不容易收集到一堆名片，結果一看，這些名片的主人都是同行。也許有人會將錯就錯，想說多認識些同業也不錯，不過，在我看來，這就失去了參加跨界交流的意義。

既然如此，在外觀上加以區別如何？例如，跟餐飲有關的就別上紅色絲帶、建築業的別黃色、ＩＴ產業的別綠色，用絲帶的顏色作區別。然後，規定只能跟絲帶顏色不同的人交換名片，如此一來，就可以更有效率地達到異業之間的交流了。

換句話說，與其亂槍打鳥與其他個體交流，不如分好群組，以團體對團體的方式進行交流，這樣命中的機率會比較高吧？前面介紹過，草履蟲的個體會結合在一起，進行基因的交換，因此，草履蟲也是有分群組的，它們只跟不同群組的個體交換。

生物之所以分雌、雄，也是基於同樣的機制。就像跟不同絲帶的群組交流，才能成功達到跨界交流的目的一般，藉由分出雌性與雄性，基因的交換也會變得更有效率。雌、雄兩個不同的群組，便是這樣產生的。

大腸菌也分雌雄

這世上有男有女，生物則分雌雄。或許你覺得這是理所當然的事，然而，這可是生物在進化的過程中，好不容易建立的優良系統。

那麼，這分雌雄的優良系統是在什麼時候出現在地球上的呢？關於這點，並沒有明確的答案。但可以確定的是，早在遠古以前這樣的系統就已經建立了。就像前面介紹過的草履蟲，也會分組進行基因的交換。雖然它們分的不是雌雄。不過，可以說已經非常接近雌雄的起源了。

再者，單細胞生物一向被認為並沒有雌雄的區別，但美國的雷德伯格博士（Joshua Lederberg）竟然在大腸菌裡，發現了雌雄兩種不同型態的個體，震驚全世界。

生物藉由與粒線體的共生，變成了有核的真核生物，完成了進化。但大腸菌並沒有趕上這次的進化。它是非常單純的生物，是不到一微米大的細菌。一微米是多小呢？就是一公釐的千分之一。

同樣是單細胞生物，草履蟲的大小大概是一千微米。因此，大腸菌只有草履蟲的千分之一。草履蟲也很小，但至少肉眼看得到。如果草履蟲跟我們人類一樣有一百七十公分高的話，那大腸菌就只有一．七公分高。你看，大小差那麼多。然而，那麼小的大腸菌竟然也有分雌雄！

大腸菌分為持有F因子的F_+個體，以及未持有F因子的F_-個體。然後，F_+個體可以把名為「質體（Plasmid）」❼的DNA分子植入F_-的個體中。它們不是互換基因，而是一方直接把基因送給另外一方，就像是動物的精子或是植物的花粉。換句話說，大腸菌確實有分所謂的雌雄。

「多樣性」帶來的好處

不過……，或許大家心中會有這樣的疑問：

對生物而言，最重要的不是把自己的基因傳給下一代嗎？

透過細胞分裂進行複製的話，就可以保證自己的基因百分之百會傳下去。但是，一旦與其他個體交換基因，那麼在下一代子孫的身上，自己的基因和對方的基因只會各出現一半。因此，自己的基因就只有百分之五十能留給子孫了。如果要把自己的基因完全保留下去，那麼跟其他個體交換這件事，就絕對不是划算的買賣。可是，大多數生物還是選擇雌雄交配的方式，來繁衍子孫。那是因為就算能傳下去的基因只剩一半，還是有利可圖。

和其他個體進行基因交換的好處之一，就是能產生「多樣性」，這點前面已經講過了。就算製造出百分之百繼承自己基因的子孫好了，一旦這些子孫無法克服環境變化而全軍覆沒的話，那就什麼都不剩了。話說回來，當大家都不一樣的時候，總有一個能活下來吧？所以說，跟一個都不剩比起來，只繼承自己一半基因的子孫還是划算多了。

因此，生物在進化的過程中，才會產生雌雄性別。於是，身處進化最盡頭的我們，就免不了要為男女情事煩惱了。

為什麼只有兩性？

不過，問題還沒有解決。既然分組可以更有效率地進行基因交換，那為什麼只分雌、雄這兩個群組呢？如果多分幾組的話，那交換起來不是更豐富多元嗎？

比方說，前面講的草履蟲就分作兩組，只跟不同組別的個體行接合生殖。這就很接近雌性與雄性的關係了。不過，它們的親戚雙小核草履蟲就分成三組，只要組別不同，就可以兩兩進行接合生殖。這個就可以看成是有三種不同的性別了。

單細胞生物的黏菌一族已證實有三種性別，纖毛蟲的性別更多達三十種。換句話說，性別不是只有雌、雄兩種。

事實上，多細胞生物中也有生物是有三種性別的。像蚌蝦（Clam shrimp）就有三種性別，分別以ＳＳ、Ｓｓ和ｓｓ來表示。不過，其實ＳＳ和Ｓｓ都是母的，只有ｓｓ是公的，就算讓ＳＳ和Ｓｓ結合也是生不出子孫的，因此，正確的說，蚌蝦的性別還是只能分兩種吧？

只分雌、雄兩種性別的話，生下來的子孫應該也會雌雄各半。

可是，如果有三種以上的性別會怎麼樣呢？除非每種性別的數量都夠多，且不斷進行基因交換，否則族群要維持下去勢必有困難。像如果雜交的族群比較強勢的話，那無法雜交的族群就會逐漸消滅。結果就是性別數減少，到最後只剩下兩種吧？

其實，光靠雌、雄兩種性別，就能充分進行基因的交換了。因此，把性別增加到三種以上，並沒有多大的意義。

兩性帶來的多樣性

那麼，光靠雌、雄兩種性別，能夠維持十足的多樣性嗎？

且看日本的歷史，在古代，豐臣秀吉的家臣裡，曾有一個名叫「曾呂利新左衛門」的人建立了功勳，請求秀吉賜給他一粒米作為獎勵。只是這粒米在一百天內，每天的數量都要比前一天多增加一倍。

秀吉笑道：「真是個不貪心的人呀。」便答應了他。一百天後，新左衛門依約前來領取獎賞，結果秀吉糧倉的米全被搬光了，這下秀吉可真是啞巴吃黃連，有苦說不出了。

第一天是一粒米，第二天就是兩粒，第三天就變成了四粒。如此操作下去，第十天是五百一十二粒，第十一天就是一千零二十四粒。到了一個月後，數量已增長到十億，百日後，將是很難計算的天文數字。

二的n次方這種事，可不是開玩笑的。

正常人有二十三對染色體。子女會從父母那邊各繼承一半的染色體。也就是每組染色體裡面各有一條來自父母。這麼簡單的作業，到底能產生多少種組合呢？答案是二的二十三次方。令人驚訝的，總共會有八百三十八萬種組合。

這個機率分別發生在父親和母親的身上，因此八百三十八萬乘以八百三十八萬，就能產生超過七十兆的組合。現在世界的人口有七十億，可光是一組父母就可以製造出比這個多出一千倍變化的子孫。

不僅如此，染色體在行減數分裂時還會重新組合。人類確實的基因多達七千多個，這七千多個再去排列組合。換句話說，也就是二的七千次方。如此想來，光是靠雌、雄兩種性別，就可以衍生出無限的多樣性了。

雄雌的責任劃分

為了提高多樣性，持續產生變化，生物建立了雄性與雌性的體制。

不過，令人費解的是，為什麼「雄性」要存在呢？畢竟，雄性生物是不會生小孩呀。

比方說，草履蟲接合、交換完基因後，雙方都會各自行細胞分裂。可是，雄性與雌性交換完基因後，卻只有雌性能誕下子孫。這樣就繁殖的效率來講，好像有點浪費。假設是雌性與雌性互換基因，且不管哪一方的雌性都能生出小孩的話，那麼生下來的小孩數量就會增加一倍了。所以，為什麼生不出小孩的雄性要存在呢？

生物在產生雌、雄兩種性別時，並不是一開始就有雄性的個體與雌性的個體。原本生物創造出的只是生殖細胞，也就是雄性的配子[8]與雌性的配子。雄性的配子一般稱作「精子」，雌性的配子則稱作「卵子」。

讓雄性配子與雌性配子結合，充分地互換基因後，就能製造出不同性質的子孫。這是生物在進化過程中發展出來的機制。從生存的角度來看，配子越大的，所含的養分越多，越是有利於生存。因此，體型大的配子非常受歡迎；因為跟大的配子結合，意味著活下去的機率會更高。

不過，也不是越大就越好。配子太大，就會變得不方便行動。可要交換基因、繁衍子孫，必須遇到其他配子才行，這下問題就產生了。

不過，受歡迎的大配子自有其他配子會找上門，根本不需要移動。於是，大配子就算不動，還是能跟其他配子結合。

但是，話說回來，那天生個頭比較小的配子又要怎麼辦呢？如果只在原地待著，可能一輩子都無法與其他配子結合。

既然如此，只好主動出擊了，自己去找其他的配子。若要方便活動，體積小的會比體積大的有利。於是，不受歡迎的配子反而逆向操作，盡量讓自己的身體變小，好提高活動力。

於是，大的配子變得更大，小的配子變得更小。體積大的雌性配子和體積小的雄性配子就是這樣誕生了。

雄性的誕生

雄性的配子把自己的體積縮小，存活率就會降低。不過，它們是以能快速移動到雌性配子的身邊為優先考量，所以也管不了那麼多。因此，雄性配子的存在，就只是為了把基因運送給雌性的配子。

就這樣，負責運送基因的雄性配子，和接收配子、生下子孫的雌性配子，做好了責任的劃分。**生物為了更有效率地進行基因交換，分出了雄、雌這兩種族群**。不過，這指的是雄性配子與雌性配子。

雄性個體與雌性個體的出現，在生物進化的過程中，屬於非常高度的進化。如果單獨的個體能同時擁有雄性配子與雌性配子的話，那麼所有的個體就都能誕下子孫了。所以，只擁有雄性配子，又不能生孩子的雄性個體的存在，就變成太多餘了。

不過，就因為生物創造了只製造「雄性」配子的「雄性」，雄性配子才能大量被生產出來。另一方面，放棄製造雄性配子、只製造雌性配子的「雌性」則顯得更獨一無二。為求誕下更多的子孫，她們得盡力發展生殖器官，提高繁殖能力，這樣分成雌、雄兩性才有意義。

這也是為什麼不能生小孩的「雄性」要存在的道理。

然後「死亡」出現了

生物進化的過程中，除了「性」之外，還有另一偉大的發明。那就是「死」。

「死亡」，可以說是生命長達三十八億年的歷史中，最偉大的發明之一。只靠複製單一生命來增加族群的數量，是無法應付環境變化的。更何況，有時複製壞了，還有可能一代不如一代。因此，生物不再選擇單純的複製，而是破壞再重建的方式。不過，全部毀掉要是無法恢復原狀的話那就糟糕了。於是，生命想出結合兩種資訊再創造一個新生命的方法。

這便是「性」。

細菌或是像變形體這類原始的原核生物，是沒有「性」的。它們只靠細胞分裂來進行繁殖。

靠細胞分裂來進行繁殖，生出的始終是一模一樣的細胞。原核生物無止盡地重複著相同的動作。雖說不斷進行著細胞分裂，年老的細胞卻不知疲憊為何物。而且，細胞只會增加，不會死滅，因此，或許可以說原核生物永遠都不會死吧？

然而，同樣也是單細胞生物的真核生物——像草履蟲之類的，就不一樣了。前面已經介紹過，草履蟲並沒有明確的「性」別區分，不過，它們有分族群，可視為「性別」的基礎。然後，不同族群間會進行基因的交換。

草履蟲的細胞分裂次數是有限的。大概分裂個七百次左右，便會壽命結束死亡。不過，如果在死之前，它們能與其他草履蟲接合，交換基因的話，就能變成新的草履蟲而重生。如此一來，分裂的次數便可以重新計算，它又可以分裂個七百次。

用這種方法重生的草履蟲，跟原來的草履蟲是不一樣的個體。因此，我們可以把牠解讀為製造完新的草履蟲後，舊的草履蟲就死掉了。

就這樣，**真核生物創造了「死亡」與「再生」的機制**。

有限卻永恆的生命

透過基因交換，創造出新的生命。然後，新的生命出現後，舊的生命就消逝了，這便是「死亡」。

「死」也是生物在進化過程中想出的發明。**「死」這個體系源自於「性」這個體系的發明，必須先有「性」才有「死」**。

俗話說：「凡有形的必將毀滅。」這世上沒有永遠存續的東西。幾千、幾萬年以來，不斷地進行複製，光靠這樣要永生永世地活下去，並不是容易的事。

於是，生命為了能永遠存續下去，想出了破壞再重建的方法。也就是說，生命到了某個期限一定會死亡，並由新生命取而代之。

孕育新生命，留下子孫，把生命的棒子交出去後，便功成身退。

因為「死」的發明，生命得以代代相承地延續下去，進而獲得永恆的生命。

為了能夠永續下去，生命創造了「有限的生命」。

❼編按：一種存在於染色體或核區外的DNA，多見於細菌和酵母菌等微生物。

❽編按：是有性生殖生物的特有細胞。由行有性生殖的生物在特定的器官通過減數分裂產生，分為「雌性配子」和「雄性配子」。兩性配子王經由配子結合，進而產生「合子」。

Chapter

6

逆境後的飛躍——七億年前

DARWIN

嘴巴在前還是屁股在前？

猜猜看，什麼東西是「從屁股吸進去，從嘴巴吐出來？」

答案是「香菸」。

對我們而言，嘴巴主要是把東西送進身體的器官，屁股則是把東西送出去的器官。因此，這個謎題才會成立。當然，謎題中的屁股指的是「香菸的屁股」。

七億年前的全球凍結之後，一鼓作氣攻佔地球的多細胞生物，被稱為「埃迪卡拉生物群（Ediacaran biota）」。埃迪卡拉生物群完成了各種進化，但這個生物群大多是像：水母、海葵這類的單純生物。

如果你拿這個謎題去問水母或海葵，它們肯定會覺得很困惑吧？

水母和海葵，有專門進食的嘴巴。然後，它把食物消化完後，再由同一個嘴巴把殘渣排放出去。換句話說，對水母和海葵而言，嘴巴是進食的器官，同時也是排泄的器官。

不過，只有一個嘴巴又要進食、又要排泄的；況且，前面的東西還沒消化完就不能再吃，這時萬一有大餐從面前經過，豈不是太遺憾了嗎？如果改成從嘴巴到屁股，單向讓食物進入的話，就可以不間斷地一直吃了。

於是，生物開始把身體進化成有孔洞貫穿的筒狀。某個族群把原本的口打通後，開了個新口當肛門。這個族群便稱作「原口動物（Protostome）」。另一個族群則是把原本的口直接作肛門，再另外開個口當作進食的嘴巴，這個族群便稱為「後口動物（Deuterostomes）」。

不管哪一種族群都把身體改成了筒狀，從「結果」來看是相同的。雖說一開始選擇的路線完全不一樣，但也算是殊途同歸。不過，原本的口要當作嘴巴還是肛門，光這出發點的不同，就讓兩個族群的進化有了截然不同的發展。

把原本的口當作嘴巴的原口動物，便成了章魚、貝類之類的軟體動物，然後又慢慢演變成蝦子、螃蟹、昆蟲等在身體外側有堅硬外骨骼的生物。另一方面，把新開的口當嘴巴的後口動物則反向操作，變成了身體核心有堅硬內骨骼的生物。而我等擁有骨頭的脊椎動物正是所謂的後口動物。

海膽是我們的親戚？

事實上，海膽和人類一樣屬於後口生物一族，海膽的演變過程跟人類等脊椎動物非常相似。所以，海膽才會經常被當作研究材料使用。其實，分析遺傳數據後我們會發現，海膽和人類一樣擁有兩萬三千個基因，而其中百分之七十的基因跟人類是相同的。

因為海膽以堅硬的外殼包覆著，一般人感覺它像外層骨骼似的，其實在其堅殼的外側還有一層表皮，這跟蝦子、昆蟲之類，其外側就是「外骨骼」的情形不同，倒是跟人類的皮膚底下還有骨骼的情形相類似。

換句話說，海膽的硬殼其實是表皮下的內部骨骼。海膽並沒有骨頭，而是把內骨骼發展成看起來幾乎像外骨骼的樣子。然而，對出自「在皮層內，包覆著堅硬的內骨骼」的後口生物而言，這情形與人類是共同一致的。

受欺凌生命的逆襲

誠如第二十八頁介紹過的，地球在完全結冰的雪球地球之後，突然出現了多細胞生物。而且，不是只有細胞變多那麼簡單。這些多細胞生物已經發展成大型、擁有複雜身體構造的埃迪卡拉生物群。不久之前，還只是單細胞生物，怎麼短時間之內，就進化成擁有堅硬骨骼或體長超過一公尺的巨大生物？這變化實在是太驚人了。

總之，因為雪球地球而一直受到打壓的生命們，隨著地球溫度的上升，終於得以一吐怨氣，一口氣完成了進化。話說，為什麼多細胞生物可以一口氣完成進化呢？

請試想一下，地球整個結冰了，所有生命被迫躲到非常侷限的角落裡。少數倖存下來的生命中，有一部分發生了突變，由於團體小的關係，只要進行基因交換，突變的基因就可以傳遍整個團體。藉由反覆操作這樣的過程，潛藏在角落的小團體，就能夠不斷累積遺傳變異的能量。

當然，這個小團體一直沒有遇到可以發揮變異能力的機會。這時的它們可以說是蟄伏以待。不過，生命確實不斷累積著基因突變的能量。然後，雪球地球終於結束了，趁著地球暖化，生命一口氣把蓄積的能量全部發揮了出來，天馬行空地自由變化，進而達成跳躍式的進化。

第一次的雪球地球，生命進化成真核生物；第二次的雪球地球，生命進化成為多細胞生物。而且，這次的進化是以非常快速且驚人的速度在進行。雖然身處逆境，但生命也沒閒著。正因為它們做好了準備，所以機會來了才能有如此大的躍進。

Chapter 7

捲土重來的大爆炸——五億五千年前

DARWIN

奇妙的動物

第四十四頁曾經提到，植物是種神奇的生物，那動物這邊又怎麼樣呢？現在，請盡可能想像某種奇妙的動物，就算它不是地球的生物也無妨。

回顧地球歷史，我們會發現，曾經有段時間，比科幻電影裡的怪物更奇妙的生物陸續出現。那就是在五億五千年前的古生代❾寒武紀❿；這時發生了名叫「寒武紀大爆發」的大事件。

當然，這裡的爆發不是指真的爆炸，而是指進入寒武紀後，許多不同的物種就像爆炸一般，突然全出現了。在寒武紀時期，現在分類學被歸入動物門的生物，都已有了初步的原形。可以說，在現在生物身上看到的基本設計，在那個時候已經全數盡出了。有許多設計甚至是你想像不到的。簡直就是「藝術大爆炸」的世界。

以下就來介紹幾種在寒武紀大爆發時期出現的奇妙生物吧！

這些長得奇形怪狀的動物，在寒武紀時曾經是地球的居民。遺憾的是，許多

怪誕蟲（Hallucigenia）

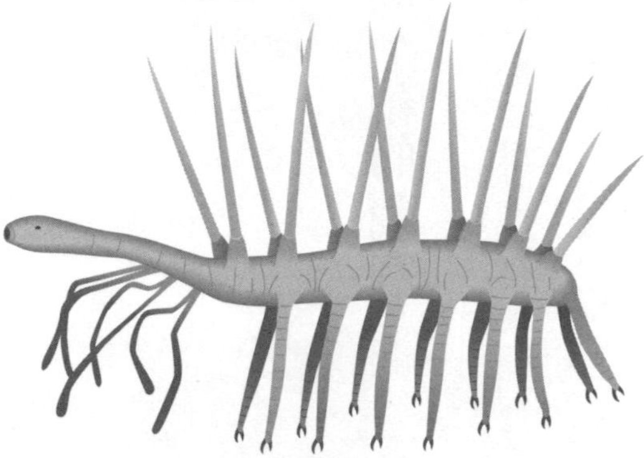

西大蟲（Xidazoon）

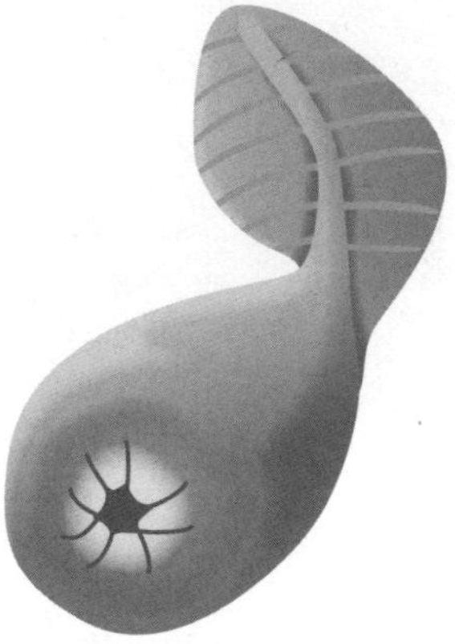

生物現在已經看不到了。創意靠數量取勝。創意越多，就越能創造出優良的設計吧？

所謂的「try and error」，**寒武紀是許多生物不斷從失敗中發明好設計的時期。**

歐巴賓海蠍（Opabinia）

微瓦霞蟲（Wiwaxia）

源源不絕的創意

為什麼這麼多物種會一口氣出現，發生這麼急遽的進化呢？主要的因素之一，就是第二十八頁和第四十一頁提到的雪球地球。

因為雪球地球而蟄伏不出的生物們，在自己的小團體中不斷地蓄積遺傳變異的能量。這蓄積的能量加速多細胞生物的進化，催生出埃迪卡拉生物群。甚至引發新物種大量出現的「寒武紀大爆發」。

曾經繁盛一時的埃迪卡拉生物群，也免不了在五億四千兩百年前寒武紀的初期遭到滅絕。埃迪卡拉生物群滅絕的理由至今仍是個謎。有人說是因為巨大規模的火山爆發，也有人說它們是被寒武紀大爆發的新生物種給捕食光了。

於是，科學家認為寒武紀大爆發時，新物種的大舉出現，應該是生物世界發生了「捕食」這種行為造成的。寒武紀大爆發期間，出現了以獵捕其他生物為食的捕食者。

為了保護自己免遭捕食者的毒手，生物想出了各種防禦機制。有人用硬殼把身體包起來，有人長出尖銳的刺嚇阻捕食者。為了攻破這些裝備，這下換捕食者想辦法增強自己的武器。然後，為了躲過捕食者的獵食，弱小的生物又發展出更好的防禦機制。

如此一來一往、互有攻防，促成了生物的快速進化。進攻者與防守者互相拼搏、鬥智鬥勇，宛如一場軍備競爭。軍備競爭帶來不間斷的變化和淘汰，追不上這變化速度的生命，只能走向滅亡。

換句話說，是**嚴峻的競爭催生了進化**。

世紀大發明

不過，大家可能會這樣想：吃人家或被吃的弱肉強食文化，早在生命還是渺小的單細胞生物時，就已經在進行了。既然如此，為什麼非得到這個時候，才演變成激烈的軍備競爭呢？

究其背景，應該是因為有了革命性的發明。這個發明便是「眼睛」。我們可以透過五感獲得各種情報，不過，透過視覺得到的情報佔了絕大多數。就算沒有聽覺或嗅覺，只要有眼睛，就可以把周遭的情況掌握個八九不離十。

眼睛真的是個非常優秀的器官。

生物最初獲得的眼睛是小眼睛。小眼睛的話只能固定看著某個點。於是，生物想出把許多小眼睛排成一列，擴大視野的方法。這個就是我們在現代昆蟲身上仍能看到的「複眼」。

「眼睛」對生物而言，是種革新的武器。有「眼睛」的捕食者發現獵物後可以精準地展開攻擊。相對地，對防守方而言，「眼睛」也是很好用的。有了眼睛，就可以早一步察知敵人的到來，看是要逃跑還是躲起來，都可以儘早防備。

打仗嘛，收集敵人的情報非常重要。「眼睛」是收集敵情非常好用的雷達。沒有眼睛的捕食者，因為抓不到獵物，只能忍受飢餓。而沒

最原始的脊椎動物（皮卡蟲）

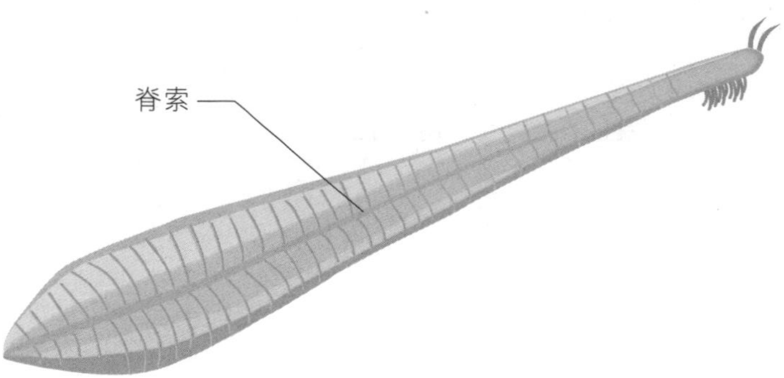

有眼睛的生物，則紛紛被捕食者給吞下了肚。**眼睛的出現，讓生物之間的軍備競爭變得更加白熱化。**

逃離迫害者

想要抵禦外侮，最好的方法就是強化身體的外側。於是，原口生物努力發展外骨骼，用硬殼把自己包覆起來。演變到後來，它們就成了蝦子、螃蟹、昆蟲等節肢動物的祖先。

隨著寒武紀大爆發，海中出現了一堆生物，而統領地球一整個海域的正是節肢動物。

用外骨骼包覆身體，一開始或許是為了防禦。不過，這堅硬的外骨骼，對提升攻擊力亦有助益。先是發展外骨骼，然後再強化硬殼裡面的肌肉，這樣不管是力量或速度都會增加。

寒武紀時期，到處可見長達一公尺的奇蝦（Anomalocaris），寒武紀之後的奧陶紀（Ordovician），更出現了超過兩公尺長的大海蠍（或稱「廣翅鱟」，Eurypterida）。就這樣，巨大的節肢動物站在生態系的頂端，支配著整個海域。

在到處都是強大生物的無法律規範世界，弱小的生物要怎樣才能生存下去呢？弱小的生物中有生命突發奇想，發展出不同於強化外骨骼的非主流防禦法，完成了進化。

它們的方法就是在身體內部建立名叫脊索[11]的硬筋，撐起整個身體。相對於外骨骼，這個就被叫做「內骨骼」。由於身體外側是柔軟的，它們可以彎曲身體，在水中游泳。不僅如此，只要扭動這脊索，就可以游得更快。

就這樣，發展出脊索的動物具備了逃離強敵魔爪的能力。三十六計走為上策，我打不過你，逃跑總可以吧？這下就是比誰跑得快了，腳程快的就贏了。

這些弱小生物正是我等脊椎動物的祖先。擁有脊索的它們，慢慢地把脊索變成堅硬的骨頭。於是，脊椎動物就誕生了。

❾編按：古生代為考古地質學上的一個年代，同時也是地球上有顯著生物的第一個時代。其中又分為：寒武紀、奧陶紀、志留紀、泥盆紀、石炭紀、二疊紀。

❿編按：寒武紀是古生代的第一紀，也是所謂顯著生物出現的開始。大約距今五億四千二百年至四億八千八百三十年前左右。

⓫編按：是脊柱的前身，不僅長而有韌性，具有彈性，能彎曲，不分節；可支持生物的體軸。

Chapter 8

失敗者的天堂——四億年前

DARWIN

偉大的一步

最初成功登上陸地的脊椎動物是原始兩棲類。拼命撐起全身的重量，緩慢卻有力地移動手腳爬向陸地。它們懷著破釜沉舟的決心，勇敢地朝未知的土地邁進。

記得人類第一個登陸月球的太空人阿姆斯壯（Neil Armstrong）曾說過：「這是我個人的一小步，卻是人類的一大步。」

不知成功登上陸地的兩棲類，可曾留下什麼經典名句？不過，它們的這一步卻是開啟脊椎動物後來繁榮興盛的一大步，這點是無庸置疑的。

只是……，脊椎動物的登上陸地，真的是因為他們是勇於冒險犯難的先驅者嗎？

「逃跑」的戰略

在古生代，所有生物完成了進化，地球的廣闊海洋中充滿了生命。各式各樣物種的出現，形成了豐富的生態系。

不過，**所謂的「生態系」，其實就是「吃與被吃的關係」**。從旁觀者的角度來看，或許會覺得海洋資源很豐富，但要在裡面生存絕對不是件簡單的事。這個時候，支配整個海洋的是巨大的鸚鵡螺（Nautilus）。魚類成為它們獵捕的食物。

而在魚類當中，又有頭部或胸部長出厚實骨板來武裝自己的甲冑魚（Ostracoderms）。甲冑魚用甲冑把全身包覆起來，而它最厲害的武器就是「下顎」。在這之前的魚類，都沒有生物擁有如七鰓鰻（northern lampreys）的

鸚鵡螺

堅硬下顎。甲冑魚靠著這強有力的下巴，把捕獲的獵物大口咬碎，可說是所向披靡。

據說，站在生態系最頂端的甲冑魚類中，更有體長超過六公尺，游泳技術超好的龐然大物。在生命不斷重複榮枯盛衰的歷史中，終於有了像鯊魚這類的大型軟骨魚類出現。它們取代了甲冑魚，成為海底的王者。

海洋是弱肉強食的世界，在這裡比的是誰的拳頭大、胳膊粗。打不過人家的小魚，該怎麼辦才好呢？

只能被吃的小魚為了躲避天敵，只好往河川的入海口、淡水與海水的

七鰓鰻

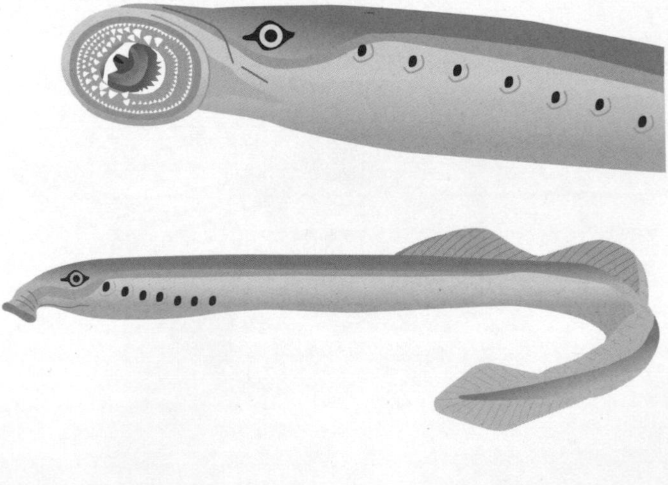

交會處逃跑。淡水和海水交混的汽水域[12]，滲透壓[13]不一樣，只要逃到這裡，住在海底的天敵就追不到這兒來。可是，對一向以海底為棲地的小魚來說，這裡同樣是非常嚴酷的環境。

跨越逆境

打不過人家、被追殺的小魚，只能逃往環境嚴苛的汽水域。不過，那裡的環境非常惡劣，魚類根本無法生存。歷經無數次的挑戰，屢戰屢敗，大多數魚類都因為無法適應汽水域的

身上包覆著堅硬盔甲的甲冑魚
（鄧氏魚，Dunkleosteus)）

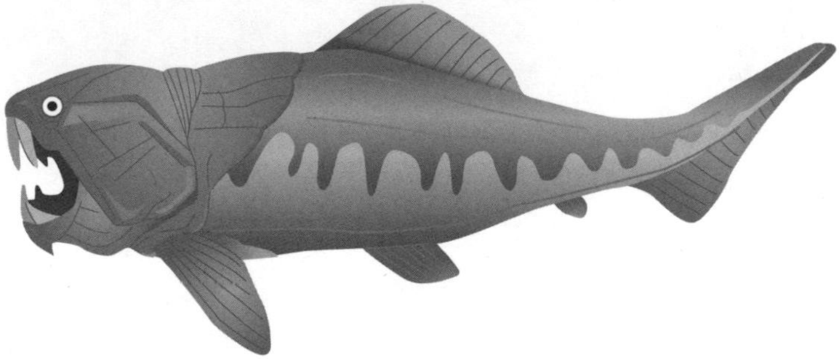

環境而滅亡了。

汽水域最根本的問題就在於滲透壓。

在鹽分濃度高的海中完成進化的生物細胞，含有跟海水等同的滲透壓。一旦細胞外的水比海水的鹽分濃度高的話，細胞內的水就會溶出細胞外。相反地，如果細胞外的水鹽分濃度比較低的話，為了稀釋鹽分，水就會滲入細胞之中。

因此，魚類為了防止鹽分濃度低的水進入身體裡面，會用鱗片把全身包覆起來。再者，又為了把從外面滲入的淡水排出體外，使體內鹽分維持在一定的濃度，於是發展出腎臟這種器官。

不僅如此，在海裡維持生命必需的礦物質，比方說鈣之類的都非常豐富，但在汽水域就很容易有礦物質不足的情況。因此，魚類在身體裡面建置了一個專門儲存礦物質的設備。那就是「骨頭」。骨頭不僅可以支撐身體，更是存放礦物質的器官。

就這樣，出現了骨骼十分發達的「硬骨魚」。光是要產生這樣的變化，得耗費多少的時間？這中間到底跨越了幾個世代？無人知曉。

不管怎樣，歷經無數次的挑戰，魚類終於跨越逆境，完成祖先的宏願，成功進入了汽水域。

不斷被迫害的結果

不過，讓它們逃離統治者的汽水域，仍舊不是個可以安生立命的地方。逃離強大敵人，好不容易找到的新天地——汽水域。在這裡，新的生態系被建立起，但它依舊是個大魚吃小魚的弱肉強食世界。

從天敵手裡逃出來的弱小魚群中，依然有強者及弱者的分別。於是，比較強的魚佔領了生態系上面的位置，比較弱的魚則躲不過被吃掉的悲慘命運。受到迫害的小魚，以及更小的魚，這些弱者中的弱者開始往鹽分濃度較低的河川入海口游去。當然，在那裡依舊建立起弱肉強食的世界。

就這樣，為了躲避天敵的追殺，弱者中的最弱者一逃再逃，前往河的更上游尋找一方樂土。

它們裡面有生物覺得，既然都要被吃掉，那乾脆回到大海生活算了。像鮭魚或鱒魚會回到河川上游產卵，便是因為它們最初來自淡水的緣故。在淺灘游來游去，鍛鍊出良好敏捷性的魚類，就算回到大海，也有了能躲過鯊魚等大魚追殺的泳技。因此，在海底生活對它們來說已非難事。

就這樣，被追趕到汽水域，完成進化的硬骨魚中，又分成住在河川、湖泊的淡水魚與住在海底的海水魚了。

踏上未知的大地

據推測，兩棲類的祖先是大型魚類。相對弱勢的小型魚類，發展出良好的敏捷性，獲得高超的泳技。兩棲類的祖先，天生的大型魚類，因為沒必要發展敏捷性，就成了動作慢吞吞的笨魚了。於是，它們的棲地被泳技比較好的新生魚類給奪走，便一步步被趕往了淺灘。

大型魚類在淺灘無法游泳。但，龐大的身軀卻可以讓鰭有力地擺動。因此，為了方便在水底行走，鰭慢慢進化成像腳一樣的東西。就這樣，它們逐漸摸索出從淺灘登上陸地的活路。

當然，兩棲類的祖先不是突然上岸，馬上就展開在陸地的生活。平常它們都在水中住著，一旦水位下降就往岸邊移動，或是當水中沒有食物時，就到岸邊尋找食物。又或者受到敵人攻擊時，它們才會逃往相對安全的陸地也說不一定。

就這樣，它們慢慢地利用起陸地這個環境，逐漸進化成來往於水中與陸地的兩棲類。

敗者的傑作

找到陸地這個新天地的魚，是怎樣的魚呢？

它們的祖先是在海底競爭失敗，被迫前往汽水域的魚。然後，在這些進化成硬骨魚的魚當中，更弱的魚又遷往了河川。就這樣，越弱的魚就越往河的上游跑，簡直是一場比誰弱的淘汰賽。

到最後，最輸的魚就住到了河的最上游。在以河川為棲地的魚裡面，體型小的魚練就了敏捷的游泳力。另一方面，本來就游得慢、動作遲緩的大型魚類則被趕往了沒有水的淺灘。

然而，就是這被趕到沒地方去的魚，一舉登上了陸地，進化成了兩棲類。然後，還成了爬蟲類、恐龍、鳥類、哺乳類的祖先，仔細想想，自然界還真是有趣。

古人有云：「歷史是由勝利者書寫的。」

但生命的歷史又如何呢？

回顧生命的歷史，我們會發現，最終完成進化的，是被追殺、被迫害的弱者。開啟新時代的往往是所謂的敗者。

當時的強者在幹嘛？

把小魚趕到汽水域，在廣闊大海裡唯我獨尊、稱霸稱王的是鯊魚的同類。

說到鯊魚，它可是至今仍保有古代魚類特徵的「活化石」。

鯊魚沒有像硬骨魚那樣的鱗片，全身只覆蓋著一層名叫盾鱗的硬皮。然後，它也沒有能夠儲存礦物質、結構高級化的骨骼。因此，相對於在汽水域完成進化的魚類被稱為「硬骨魚」，鯊魚或魟魚之類的就被稱為「軟骨魚」。完成了各種進化的硬骨魚，廣泛分布於河川、湖泊或大海之中。現在，除了鯊魚或魟魚之外，幾乎大部分魚類都是硬骨魚。

身為弱者的小魚，前往河川尋找新天地，並在那之後，完成了驚人的進化。反觀無敵的王者鯊魚，因為沒有改變的必要，到現在都還維持著最原始的樣子。

這樣看來，生命也不是非進化不可。鯊魚到現在依然是很成功的魚類。不過，可以確定的是，在惡劣環境的逼迫下，一定可以產生新的進化。

活化石的策略

古板迂腐的人，經常被譏為「活化石」。

用「活化石」來形容一個人，似乎不是很好的意思，它代表的是「守舊、不知變通、沒有進步」。

最初使用「活化石」這個詞的，是提出〈進化論〉的學者達爾文。

生物世界的「活化石」，指的是從太古時代至今依然保有原始樣子的生物。鯊魚就是一種活化石。而知名的腔棘魚（Coelacanth）⓮在四億年前的泥盆紀（Devonian）⓯的化石中被發現，經確認，至今依然存在著。

同樣從泥盆紀留存至今的還有肺魚，肺魚不用鰓呼吸，而是用肺呼吸，因此可以在沒水的地方生活。可想而知，兩棲類應該是從肺魚這樣的魚進化來的。

其他從古生代一路存活下來的代表性活化石，還有蟑螂、白蟻、鱟魚、鸚鵡螺等。令人驚訝的是，這些活化石歷經了幾億年都沒有什麼進步，一直以原來的型態生活著。

所以說，他們是跟不上時代的老古板囉？

不管看上去再怎麼老派，能夠存活到現在，代表著他們都是從激烈生存競爭中勝出的贏家。不僅如此，像蟑螂、白蟻之類的，更是連現代人類都要舉雙手投降的興盛物種。

所以說，也不是一定要改變。既然沒必要改變，那維持現狀就好了。一般人總以為，「進化」指的是很大的變化。如果現況已經是最好的，那不改變才是最高明的進化。

活化石似乎在告訴我們這樣的道理。

⓬編按：又稱鹹淡水，指的是鹽度介於淡水與海水之間的水域。在汽水域的魚類大多對滲透壓有很強的適應能力。

⓭編按：指的是若交界的兩水域其液體濃度、溫度或溶解率不同，造成兩液間的壓力不同的差距。

⓮編按：腔棘魚最初出現於泥盆紀中期的化石紀錄中，被認為已完全滅絕。直至一九三八年在南非意外被捕獲，因此被稱為「活化石」。

⓯編按：泥盆紀為古生代的第四紀。當時魚類呈現高度的多樣化，因此又常被稱為「魚類時代」。

Chapter

9

開疆闢土——五億年前

DARWIN

陸生植物的祖先

兩棲類的祖先、魚類的成功上陸，被形容是生物進化的重大事件。不過，在此同時，植物比脊椎動物更早越過這道邊界；植物已經在陸地生存了。

地球自有生命以來，生物就一直居住在海裡。然而，大約在五億年前，地函對流（Mantle convection）造成巨大陸地浮現。於是，原本住在海洋的生物開始朝廣袤的新天地邁進。

最先成功登上陸地的是植物。據推測，現在陸生植物的祖先應該是和綠藻一樣的藻類。綠藻通常分布在海水較少的淺灘。

海中的藻類分很多種，有綠色的綠藻類、褐色的褐藻類，及紅色的紅藻類等。綠藻類之所以看上去是綠色的，是因為它不吸收綠光，還把它反射出來的緣故。也就是說，綠藻是吸收除了綠光以外的藍光和紅光來進行光合作用的。行光合作用時，藍光和紅光的效果最好。因此，綠藻選擇住在光線充足的淺灘，盡情地吸收藍光和紅光。

順道一提，水會吸收紅色的光線。因此，深海的底層，紅光是到達不了的。金眼鯛或石狗公等住在大海深處的魚之所以通體鮮紅，就是因為海底紅光到達不了，只要穿上紅色的衣服就可以徹底隱形了。

回到主題；因此，在水底下的褐藻類靠著吸收藍光而行光合作用。此外，一旦在水面有浮游植物，它會把藍光完全吸收而行光合作用，以致藍光到不了水底，所以紅藻類迫不得已，只好吸收光合效率較差的綠光了。

現在陸生植物的葉子之所以是綠色的，就是因為它們的祖先是利用藍光和紅光行光合作用的綠藻類。住在淺灘的綠藻類，隨著陸地的隆起、淺灘的水逐漸乾涸，綠藻類因而被迫適應岸上的生活。

植物上岸

對行光合作用的綠藻類而言，能完全沐浴在陽光下的陸地，是非常有吸引力的環境。

不過，陸地會有紫外線直射的問題，而這個紫外線對生物是有害的。然而，植物卻靠自身行為改善了這個問題。海中的植物們釋放出氧氣，逐漸在地球上空形成了臭氧層。而臭氧層又是吸收紫外線的利器，使紫外線不至於直接照射到陸地。一切準備就緒。

植物成功登上了陸地。植物的成功上岸，據推測應該是在古生代志留紀（Silurianperiod）的四億七千年前。兩棲類的祖先魚類上岸是在泥盆紀的三億六千年前，也就是說，植物要比動物早了一億年上岸。

最初登上陸地的植物應該是如苔癬類的植物。苔癬從體表吸收水分和營養，這點和在水中生活的綠藻類是相同的。因此，苔癬只能生活在能讓身體保持濕潤的水邊。

苔癬之後，為了適應陸地的生活，進一步進化的是蕨類植物。蕨類植物的莖十分發達。在水裡面，不需要可以支撐身體的結構，但在陸地生活，就需要能把身體穩穩撐起來的「莖」了。

再者，蕨類植物為了耐旱，更發展出可以留住體內水分的堅硬表皮。不過，表皮雖然可以防止體內水分流失，但相對地，外面的水也進不來。因此，蕨類又發展出用來吸收水分的根，建立起俗稱「管胞」⑯的送水組織，藉由管胞把從根吸收的水分送往身體各處，這也就形成了植物的維管束[17]。

維管束的發達，讓水分可以更有效率地送往植物全身，也讓蕨類植物可以長出更多的枝枒。在枝繁葉茂的情況下，要行光合作用就更加容易了。就這樣，蕨類植物擁有了巨大、複雜的身體。

沒有根也沒有葉的植物

松葉蕨（Psilotum nudum），跟最初的蕨類植物有著相同的特徵。

「無稽之談」在日文的說法是：「沒有根和葉的謠言。」而松葉蕨就真的是沒有根也沒

松葉蕨

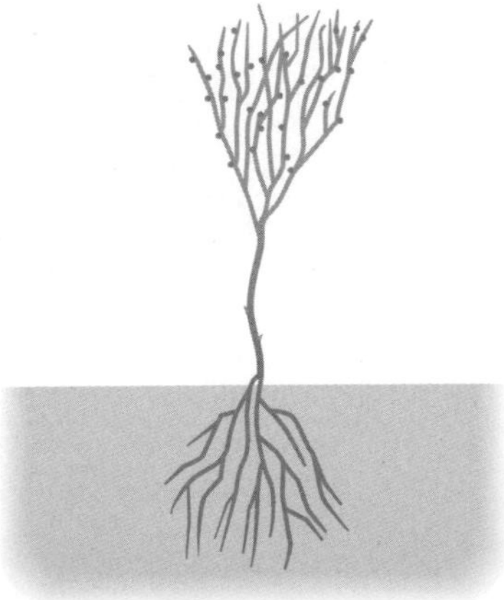

有葉；松葉蕨全身上下就只有「莖」而已。地面下分叉長出的莖負責吸收水分，地面上分叉的莖則負責行光合作用。然後，漸漸地，地面下的莖變成了根，地面上的莖則分生成了葉子。

蕨類植物之所以能發展出根這種器官是有理由的。最初植物進入陸地時，陸地上並沒有土。放眼望去，盡是砂子和石頭。地球上的泥土全是有機物，是製造出來的。換句話說，是生物的屍骸被分解後，形成了泥土。

登上陸地後，植物不斷進行生命活動，隨著世代的新舊交替，枯死的植物經過分解，屍骸逐漸堆積起來。然後，這些有機物跟風化的岩石混在一起，就變成了可以孕育植物、富含養分的泥土。蕨類植物親自培育這些泥土，擴展自己的棲息地。因此，蕨類植物必須有根。

就這樣，蕨類植物的森林形成，昆蟲也來到了陸地。然後，終於魚類上了岸，完成了戲劇性的進化。

⓰編按：又稱假導管，是維管束植物內部中一種長形、木質化的細胞。大多數蕨類植物與裸子植物是用管胞來輸送水分。

⓱編按：多存在於維管植物的莖、葉等器官中。維管束相互連接構成維管系統，主要作用是為植物體輸導水分和養分。

Chapter 10

前進乾涸的大陸——五億年前

DARWIN

陸上生活受到的限制

成功登上陸地的脊椎動物，變成了兩棲類繁衍興盛的同時，蕨類則打造出了一片森林。

誠如第一一六頁介紹過的，蕨類植物擁有能支撐身體的莖，更長出把水從根部吸上來送往莖的維管束。隨著蕨類植物不斷從水邊擴散開來；在那之前，一直住在水邊的兩棲類，也進化成了恐龍的祖先——爬蟲類。

蕨類植物一邊進化，一邊擴張領土，使植物的數量和種類不斷地增加。而以植物為食的各種爬蟲類，跟著變多了起來。然後，以草食性爬蟲類為食的肉食性爬蟲類也變得更加多元且發達。就這樣，因為蕨類植物的繁榮興盛，讓陸地上建立起豐富的生態系。

雖說蕨類植物成功進入了陸地，卻還是無法離水邊太遠。為什麼呢？因為要受精、繁衍子孫，它們必須要有水才行。

蕨類植物靠孢子來繁殖。孢子發芽後，會形成原葉體。原葉體上會產生精子和卵子。精子必須在水中游泳，找到卵子後，完成受精。這種精子借水為媒介與卵子結合的方法，乃生命從海洋誕生以來，留下的古老習俗。

或許你會想，為什麼完成進化的陸生植物，還用這麼古老的方式在繁殖？但其實人類用的也是同樣的方法。只是，人類的受精不是在大海裡面進行，而是在自己的身體裡面。

生命活動的基礎並沒有改變。在陸地生活的生物要完成進化，必須克服的問題是如何把陸地當作海洋生活，讓陸地的生活也能像在生命誕生的起源——大海般優游。

成功登上陸地的蕨類植物必須生長在潮濕有水的地方，因為它的精子必須藉水游動，否則就無法繁殖。於是，曾經盛極一時的蕨類植物，其勢力範圍也僅限於水邊，始終無法進入廣大的蠻荒之地。

兩項劃時代的發明

之後，恐龍時代來臨，這時勢力最龐大的植物，是從蕨類植物進化而來的裸子植物。

裸子植物的出現，大概是在五億年前的古生代二疊紀（Permian）⑱。裸子植物不斷往內陸開疆闢土，為陸上的恐龍樂園打下了基礎。到底裸子植物是怎麼進入蕨類植物始終無法突破的乾燥地帶的？

在植物進化的歷史中，裸子植物完成了兩項偉大的發明。其一是「種子」。產生種子的植物被稱為「種子植物」，而裸子植物正是「種子植物」的先驅。種子因為有堅硬的外皮保護，所以比蕨類植物的孢子更耐乾旱。不僅如此，有了這層硬皮保護著，植物隨時都可以等待最佳的發芽時機。

植物必須有水才能生存。不過，種子就算沒有水，也可以移動到有水的地方。在得到水之前，它可以靜靜等待，做好長期抗戰的準備。換句話說，植物的種子可以超越時間，在空間內移動。

裸子植物的厲害之處不只在種子，還有一個「花粉」。蕨類植物繁殖靠的是孢子。你或許會以為孢子是種子的替代品，但其實孢子比較像是種子植物的花粉。花粉不會產生精子，卻會製造精細胞（spermatids）。精細胞和精子是同樣的東西，不過，精細胞沒有鞭毛也不需要游泳，所以另外取名叫做「精細胞」。

當花粉沾上將來會變成種子的胚珠（ovule），被稱為「花粉管」的管子就會自雌蕊中伸長，將管內的精細胞送至胚珠內，與卵細胞進行受精作用。用這種方法，就不一定要住在水邊了。

於是，種子植物得以廣泛分布在沒有水的乾燥地帶上繁殖。

種子能夠隨處移動

裸子植物的優勢不只是耐旱那麼簡單，種子的移動能力強也是它的特徵之一。

蕨類植物的精子和卵子經受精成為受精卵後，會在原地點直接發育，形成蕨類植物。然而，種子植物的受精卵則會變成種子，而且還可以再移動到別的地方。蕨類植物只能靠孢子來移動，但種子植物卻能藉由花粉和種子，得到兩次移動的機會。這對本身不能移動的植物而言，是一大躍進。

種子還有一個很大的好處。蕨類植物的受精，一般都是在由孢子形成的同一個原葉體內進行，自家的精子找到卵子，完成所謂的自體受精。當然，精子也有可能游到隔壁的原葉體，與隔壁的卵子結合，進行受精，但這頂多也只是跟鄰近的個體交配而已。

反觀，種子植物則將孢子進化，創造出花粉。蕨類的孢子並無雌雄之分，但花粉其實就是雄性的配子。然後，隨著花粉可以移動到很遠的地方，種子植物就可以跟許多不同的個體交配。然後，多樣的個體互相交配下，就能產下多樣化的子孫，進而加快進化的速度。

這樣產生的裸子植物，相較於蕨類植物，完成了更豐富多元的進化。當植物開始變得多樣化之後，以它為主食的動物也就跟著進化了。於是，裸子植物進化的結果，就是催生出各式各樣的恐龍。

使進化速度成功加快的裸子植物，為了不讓自己被恐龍吃掉，不斷壯大自己的身軀。然後，隨著裸子植物的身體不斷長大，為了要吃到它，恐龍的身體也跟著變大。裸子植物與恐龍之間展開了體型巨大化的競爭。巨大裸子植物的森林，以及由巨大恐龍擔綱演出的生態系，就這樣形成了。

⓲編按：是古生代最後一個地質年代。曾發生不明原因的海底生物大滅絕。

Chapter

11

然後，恐龍滅絕了——一億四千萬年前

DARWIN

五次大滅絕事件

在地球的歷史中，曾經盛極一時的恐龍也難逃被滅絕的命運。但其實在那之前，地球上的生物也曾渡過好幾次滅絕的危機。

遠古的單細胞生物就是熬過無數次雪球地球而存活下來了。之後，生物完成了顯著的進化，據說自有動物化石出現的年代算起，地球的生物至少經歷過五次大滅絕。這五次的生物集體滅絕被稱為「Big Five」。

生物大滅絕的原因，還有許多未解之處。不過，基本上，跟氣候變遷、地殼變動、大氣成分改變等，環境的變化脫不了關係。

第一次大滅絕發生在古生代奧陶紀⓳末（約四億五千萬年前）。奧陶紀是鸚鵡螺、三葉蟲最活躍的時代；此外，還有第一〇六頁介紹過的甲冑魚在大海裡游來游去。然後，這個時期也是第一批原始植物成功登上陸地的時候。

古生代奧陶紀末的大滅絕，造成了地球上百分之八十四的物種毀滅。恐龍滅絕的白堊紀據說有百分之七十六的物種就此消失不見。因此，相較之下，這個時期的大滅絕規模算是比較大的。

第二次大滅絕發生在古生代泥盆紀後期（約三億六千萬年前）。這個時候，陸地上已經形成了蕨類植物的森林，昆蟲也出現了。然後，是兩棲類成功登上了陸地。這次的大滅絕也導致百分之七十的物種消失不見。

第三次大滅絕發生在古生代二疊紀末（二億五千萬年前）。這個時期，所有巨大兩棲類和爬蟲類全死光了。令人驚訝的是，古生代二疊紀末大滅絕的滅絕率竟高達百分之九十六！可說是地球史上最大規模的集群滅絕了。

曾經稱霸古生代海洋的三葉蟲，歷經奧陶紀末大滅絕與泥盆紀後期大滅絕這兩次毀滅性的打擊，都還能有少數個體存活下來。然而，如此頑強的三葉蟲終究沒能躲過第三次大滅絕，終於在二疊紀的末期消失。

第四次大滅絕發生在中生代三疊紀[20]（從三億五千萬年前到二億一千萬年前）。此時，巨大的盤古大陸（Pangaea）[21]產生分裂，從地心噴出大量的二氧化碳和甲烷，造成氣溫上升和氧氣濃度明顯下降。這個情況讓長期以來活躍的物種有百分之七十九被滅絕。而能適應低氧環境的爬蟲類，則趁機興盛起來，更進化成為恐龍。

然後，第五次的大滅絕發生在恐龍被終結的白堊紀[22]（從一億四千萬年前到六千五百萬年前）。據統計，白堊紀末有百分之七十的物種就此消失。

恐龍時代終結

為什麼曾經那麼興盛的恐龍會全數滅絕、一個也不剩呢？這戲劇性的演變始終是個謎。

恐龍滅絕的導火線，據說是來自遙遠宇宙的隕石撞上地球所致。

事情發生在六千五百五十萬年前。一顆隕石從天而降，落在現在墨西哥猶加敦半島（Yucatán Peninsula）附近。這衝擊是如此巨大，廣泛的區域全被火球給包圍了。被高熱捲起的岩石如彈雨般落下，在地球各處引發大規模的森林火災。灼熱的火焰把許多生物都燒成了焦炭。

然而，就算有幸從這灼熱地獄逃了出來，還是無法安生。巨大的隕石砸出的巨大洞穴，流進了大量的海水。挾著猛烈之勢，灌流進來的海水好不容易把洞填滿了，這次又溢流了出去。溢流出的海水不斷地漫向大地，引發了大海嘯。高度超過一百公尺的巨型海嘯，往內陸襲捲而來，依照地形的不同，有時甚至能達到兩百到三百公尺高。這樣的情況持續了數日之久，海嘯一波波地不斷湧來。

應是這前所未有的大災難造成了多數恐龍的滅亡。不過，事情還沒完。隕石撞擊捲起的大量粉塵包覆住整個地球，陽光完全被遮斷，地球氣候變得十分寒冷。照不到陽光的大地，植物枯萎了不說，碩果僅存的少數恐龍也因找不到食物而餓死了。

就這樣，恐龍終於從地球上徹底消失了。

倖存者們

這是一場讓曾經盛極一時的恐龍全數滅亡的大災難。

不過，還是有生物熬過這無比嚴苛的環境，倖存了下來。它們到底是怎麼做到的？這個問題至今也是個謎團。

不過，成功活下來的生物有個共同點：那就是它們都是受到恐龍欺凌，只能躲在角落求生存的敗者。恐龍時代，不管是陸地或海洋，絕大部分地區都被各式各樣的恐龍給佔據了。於是，便有生物選擇了大型恐龍不會去住的「水邊」當作棲息地。

它們是爬蟲類！

陸地上有很多像暴龍這類的大型肉食性恐龍；海洋裡，也有巨大的肉食性魚龍。不過，腹地相對狹小的河川，恐龍就少了。因此，小型爬蟲類選擇住在這裡，更發展出像是巨大鱷魚之類的爬蟲類。

為什麼爬蟲類能存活下來呢？爬蟲類居住的水邊有生命不可或缺的元素——水。水還可以避開高熱，具有保溫的效果，或許這對渡過被稱為「撞擊寒冬」的嚴苛環境也有幫助。

再者，相較於恐龍這類能夠調節自身體溫的「恆溫動物」，爬蟲類這種無法調節體溫的「變溫動物」，可能進化得沒那麼好，卻「塞翁失馬，焉知非福」。

恆溫動物為了維持穩定的體溫，必須吃很多的食物。但是，就像蛇和烏龜會冬眠一般，身為變溫動物的爬蟲類，只要氣溫下降，它的身體的代謝也會跟著下降。

鳥類也逃過了這場大災難。

一般認為，鳥是從恐龍進化而來的。在大型恐龍稱霸陸地的時代，成為鳥的始祖的小型恐龍只能在其他恐龍不會來犯的空中，尋找自己的棲息地。之後，在地上是弱者的鳥類，開始在洞穴或樹洞裡築起自己的巢穴。就這樣，它們的家變得很隱密，可能也是因為有這麼隱密的家，才讓它們逃過了災難。又或者是因為鳥類有翅膀，可以快速移動，所以才能在第一時間逃跑吧？

哺乳類也活了下來

然後，我們的祖先「哺乳類」也活了下來。

在恐龍稱霸的那個年代，哺乳類的祖先是非常弱小的存在。自然界是一再上演著強者消滅弱者戲碼的弱肉強食世界，是只有強者才能生存下來的適者生存的世界。體型大的力氣大，力氣大的才有發言權。所以，恐龍每進化一次，就會變得更加巨大。

弱小的哺乳類在這樣的競爭中，是不可能勝出的。於是，它們採取的策略是「把自己縮小」。只要身體夠小，就可以逃往恐龍的爪子搆不到的地方。小到一個程度，連巨大的肉食恐龍都不屑吃它。而且，身體小還有一個好處，就是吃得少，就算在食物缺乏的地方也能生存下來。

就這樣，哺乳類的祖先選擇把自己變小的道路！

不過，除了大型恐龍外，還有小型恐龍呀。為了進一步躲過恐龍的獵殺，哺乳類們另闢一處世外桃源，那就是「黑夜」。大多數恐龍都是在白天活動，白天出門的話，很容易撞上它們，但如果是趁晚上恐龍睡覺時，偷偷行動的話，就沒有問題了。

話說回來，要在完成進化的各種恐龍都不出來活動的「夜晚」行動，並沒有那麼簡單。哺乳類們因而發展出在黑夜裡，也能找到食物的嗅覺和聽覺。接著，它們更發展出控制所有感覺器官的大腦。這在逆境中發展出的感覺器官和大腦，便成了後來哺乳類之所以稱霸天下的武器。

恐龍繁榮興盛的一億兩千萬年間，哺乳類們便一直忍辱偷生地苟活著，是群受盡欺凌的敗者。不過，忍辱偷生還是有好處的，這讓哺乳類們躲過前所未有的大災難，而小小的身軀更讓它們挺過接下來糧食匱乏的寒冷冬天。

第六次大滅絕

據說現在，地球正面臨第六次大滅絕的危機。滅絕的規模是以一年間一百萬種物種裡，有幾種滅絕來計算的。

通常，正常的數值為零點一；也就是說，一年間一百萬種物種裡面差不多會有零點一個物種滅絕。現今，地球上已知的生物約有兩百萬種，換算下來的話，地球現有的生物十年內應該只會滅絕兩種。

地球史上最大規模的集群滅絕發生在二疊紀末，當時的滅絕數值據統計是一百一十。

可是，你知道嗎？從現在往回推的這兩百年間，脊椎動物的滅絕值是一百零六。可說是和史上第一大滅絕相匹敵的生物集群滅絕，正在我們眼前上演。特別的是，過去的大滅絕是由火山爆發或隕石撞擊等物理現象所引起的。但第六次大滅絕卻是由生物所引起，而這種生物正是人類。

請試著回想一下。過去在大滅絕中吃盡苦頭的是統御地球的強者。然後，再由敗者建立起新的時代。人類口口聲聲說：「保護地球、愛護生物。」不過，正在毀滅地球的，不正是地球的支配者人類嗎？

就算人類全滅亡了，對地球也不會有任何的影響。其他生物或許會跟著人類一起陪葬，但終究會有新的生物出現，重新建立起新的生態系。跟三十八億年來，生命歷史的幾次大變動比起來，人類的出現、人類的消失，並不會有任何的影響。

⓳編按：古生代的第二紀，當時海中生命蓬勃發展，包括了知名的三葉蟲。
⓴編按：是地質年代中生代的第一紀，第一批被子植物可能是這時候出現的。
㉑編按：是指在古生代至中生代期間存在的大片陸地。根據大陸漂移說的理論，現在的所有陸地幾乎是併在一起的。
㉒編按：是地質年代中生代的最後一紀。最為知名的事件便是恐龍大滅絕。

Chapter

12

消滅恐龍的花朵——二億年前

DARWIN

恐龍滅絕的理由

曾經如此強盛的恐龍之所以會滅絕的理由，至今仍是個謎。然而，就像前面講過的，一般認為造成恐龍滅絕的導火線，應該是六千五百五十萬年前的隕石撞地球，氣候環境驟變所引起的。

不過，**早在隕石撞地球以前，恐龍就已經一步步走向了衰退。而這其中的原因，主要是「植物的進化」**。植物是怎麼進化的？何以能把恐龍逼上絕路呢？

能產生種子的種子植物，有「被子植物」和「裸子植物」兩種。

中生代侏儸紀（二億八百萬年前至一億四千五百萬年前），恐龍橫行無阻、繁榮興盛的時代，裸子植物就已經出現。裸子植物不會開花，所以侏儸紀的森林中，並沒有我們幻想的五顏六色的花朵。

之後，從侏儸紀到中生代末期的白堊紀（一億八百萬年前至六千五百萬年前）為止，發展出花朵此一器官的被子植物出現了。被子植物是完全不同類型的種子植物。

誠如第一二二頁所介紹的，裸子植物因為有「花粉」和「種子」這兩項偉大的發明，成功進軍到乾涸的內陸。然而，被子植物是靠著「速度」這個武器，繁榮興盛了起來。

裸子植物和被子植物的差別

理科的教科書中，會介紹裸子植物為「胚珠暴露在外」的種子植物；相反地，被子植物則是「胚珠被子房包覆，沒有裸露在外」的種子植物。

或許你會想，胚珠有沒有露在外面，有那麼重要嗎？竟然可以此為依據，把種子植物一分為二。話說，**胚珠被子房包起來這件事，對植物的進化而言，還真是革命性的大事**。就因為「胚珠被包覆起來」，植物才有了戲劇性的進化。然後，更一步步地把恐龍逼上了滅絕的道路。

被子植物的特徵是「胚珠沒有裸露在外面」。胚珠就是後來的種子。對植物而言，最重要的莫過於等於後代子孫的種子。換句話說，胚珠裸露在外，代表著讓最重要的東西暴露於危險中。但是，有一天，用子房把珍貴種子保護起來的植物出現了。**子房的發明，使植物產生革命性的變化。**

雌蕊從子房伸出。花粉一接觸到雌蕊，使發芽形成花粉管。花粉管探向雌蕊底部，找到子房內的胚珠，進行受精。在子房的保護下，胚珠可以安全地完成受精。而且，好處不只這個；事實上，**胚珠被包覆起來這件事，還帶來了革命性的突破。那就是：加快了受精的速度。**

進化速度加快了

既然如此，為什麼裸子植物要讓珍貴的胚珠裸露在外呢？胚珠要變成種子，必須與花粉結合，進行受精。換句話說，為了抓住隨風飛揚的花粉粒，完成受精，就算冒著風險，也要把胚珠擺放在外面。

成熟的卵細胞是禁不起長期曝露在空氣中的。因此，裸子植物必須先把花粉抓進來，再促使胚珠成熟。且讓我們舉被稱為活化石的古老裸子植物銀杏為例子吧！

大家都知道，銀杏有雄株和雌株之分。雄株產生的花粉乘著風，找到雌株的果實，也就是俗稱的「白果」，進到了雌株的內部。然後，花粉就在白果中生出兩個精子。確認花粉已經到位後，果實得花上四個月等待卵子成熟。這段期間，銀杏會在白果中建置好供精子游泳的游泳池。然後，一等卵子成熟，精子就游過泳池找到卵子，與其結合。

跟必須住在水邊才能完成受精的植物相比，體內自己有游泳池的銀杏，已經算是很先進。然而，當年的嶄新配備到了現代，也已是過時的昨日黃花。如今，還在使用這種古老設備的裸子植物，也只剩下銀杏和蘇鐵而已。

現在的裸子植物已經採用稍微改良過的新設備。就舉代表性的裸子植物松樹為例吧！松樹會在春天產下新的毬果。這便是松樹的花。

裸子植物的松樹，會讓花粉隨著風飛往其他的松樹個體。然後，毬果的鱗片會張開，松樹的花粉便趁機進入張開的毬果中。這時，毬果會馬上閉合起來，一直到來年秋天都不會再張開。就這樣，在松果裡面，雄性配子和雌性配子形成的精核，歷經漫長的歲月逐漸成熟。

在裸子植物中算是比較進步的松樹，竟然從花粉就定位到完成受精，要花上約一年的時間。但被子植物就不同了。

被子植物可以安全地在子房內部完成受精。因此，被子植物在花粉來到之前，就可以先讓胚珠成熟，做好準備。然後，一等花粉抵達，就馬上進行授粉。從花粉接觸到雌蕊到完成受精，只需數日的時間。快的甚至只要幾小時就搞定了。這跟得花上至少一年時間的裸子植物相比，速度真是超前太多了，簡直是一眨眼的工夫。

受精時間的縮短，到底對植物帶來了怎樣的改變呢？

在這之前，要形成一顆種子，得歷經漫長的歲月才能完成的事，現在卻只要幾小時或幾天的時間就搞定，這意味著植物可以不斷產生新的種子，更快完成世代的更新。

世代更替的速度變快了，代表進化的腳步也會跟著加快。就這樣，植物大幅提升了進化的速度。

美麗花朵的誕生

在進化速度加快的過程中，被子植物又變出一個新花樣，那就是「美麗的花朵」。植物之所以開出美麗的花，是為了吸引昆蟲過來，幫助它完成授粉。

裸子植物的花是借風力來傳播花粉的風媒花。因此，裸子植物的花不需要長得很漂亮。只是，隨風傳粉的方法，不太容易讓雄花的花粉成功抵達雌花的柱頭，因此，與其花費心思讓花朵長得漂亮，還不如多製造些花粉來得實在。這就是為什麼裸子植物要大量生產花粉的原因。

現代像杉樹、檜木等裸子植物仍會大量散布花粉，成為引發花粉症等疾病的原因，就是裸子植物是風媒花的關係。

一般認為，從裸子植物進化而來的被子植物，原本應該也是風媒花。不過，在一次偶然的機會下，昆蟲幫它們完成了授粉。當然，昆蟲不會為了幫它們運送花粉而特地跑來。一開始，昆蟲是為了吃花粉才接近花朵的。

為了吃花粉而來的昆蟲身體沾到了花粉，然後，這隻昆蟲又造訪別的花朵，並湊巧碰到了這朵花的雌蕊。就這樣，花粉隨著昆蟲不小心被運送了出去。昆蟲是會吃花粉的害蟲，但會在花叢裡穿梭，所以只要讓昆蟲的身體沾到花粉，就可以更有效率地把花粉運送出去。捨一點花粉給昆蟲吃，讓它幫忙運送花粉，這要比不知道會飛到哪裡的以風為媒介的送粉方式，來得實在多了。

就這樣，因為有昆蟲幫忙運送花粉，植物成功減少花粉的產量。然後，再把省下來的力氣，用在發展能把昆蟲吸引過來的美麗花朵上。緊接著，植物更奉上甜美的蜜糖供昆蟲享用，並飄散出芳醇的香氣……，用盡各種手段，就是要把昆蟲吸引過來。我們今日看到的美麗花朵就是這樣來的。

之所以達成如此戲劇性的進化，正是因為擁有子房的被子植物，成功加快世代更新速度的關係。

樹木和小草，誰比較進步？

話說，樹和草，哪一個進化得比較好呢？也許你會覺得，能夠長出粗大枝幹、茂密葉子的「樹木」，進化得比較好吧？事實上，比較先進的卻是看似不起眼的小草喔！

最初，成功從水中來到陸地的是不叫草的苔蘚類小植物。然後，這種植物進化成蕨類植物，蕨類植物利用頑強的莖和被稱為管胞的輸水組織，長成了巨大的樹木。就這樣，陸地上出現了蕨類森林。之後，蕨類植物又進化成為裸子植物和被子植物，這期間植物一直在長大，朝巨木森林的路線發展。

草這種型態的植物出現，應是在白堊紀快結束的時候。

看過恐龍電影的都曉得，白堊紀時，放眼望去，盡是巨大植物形成的森林。那個時代的植物就是要大。恐龍興盛的時代，不僅氣溫高，行光合作用必須用到的二氧化碳濃度也高。因此，植物的生長也十分旺盛，可以長到十分巨大。

植物必須照到陽光才能行光合作用，長得比其他植物高才有優勢。因此，植物爭相朝巨大化邁進。而以植物為食的草食性恐龍也是，為了吃到高大樹木上的葉子，它也跟著變大。然後，植物為了不被恐龍吃到，又想辦法變得更大。而恐龍為了吃到變得更大的植物，只好也跟著變大，甚至連脖子都變長了。就這樣植物和恐龍互相比賽，看誰能變得更大。

俗話說：「大就是好！」那個時代還真是大者為王的時代。

進一步加快速度

然而，物換星移，時代是會改變的。

就在白堊紀接近尾聲之際，曾經地球上一整塊完整的盤古大陸，因為地函對流而產生分裂，開始移動。分裂的大陸互相撞擊、推擠，造成地殼隆起，形成山脈。然後，被山脈擋住的風變成了雲，降下了雨。就這樣，氣候隨著地殼變動也跟著異變，變得很不穩定。

山上降下的雨，匯聚成河川，逐漸在下游形成三角洲。草的誕生，應該就是從這三角洲開始的吧！

三角洲的環境很不穩定。隨時都可能因為大雨而引發洪水。在這樣的環境下，植物沒辦法慢慢地長成大樹。於是，短時間就能長大、開花，留下種子，完成世代更新的「草」，趁機發達了起來。

被子植物光是成功縮短受精時間，就加快了世代更新的速度，現在更一舉進化成生命週期只有短短數年的草，世代更替的速度又更快了。成為草的被子植物，因為能應付瞬息萬變的環境，完成了爆發性的進化。

被子植物的進化可說是自由自在，完全不受拘束。就像原是陸上的哺乳類卻回到海洋生活的鯨魚一般，被子植物之中，也是有為了適應環境而再度從草變回樹木的。

當遇到昆蟲比較少的環境時，它們就會從以昆蟲為媒介的「蟲媒花」，回到靠風傳送花粉的風媒花。就這樣，在地球的各個地方，植物紛紛完成了各式各樣的進化。

被逼上絕路的恐龍

因為縮短世代更替的週期，變得能更快適應環境，進而完成戲劇性進化的被子植物。終於追上了恐龍。一般認為，恐龍的進化遠遠趕不上速度加快的被子植物。

當然，恐龍也不是完全沒有進化。比方說，很受小朋友喜愛的三角龍（Triceratops），就是為了能吃到開花的被子植物而完成進化的恐龍之一。

在這之前的草食性恐龍，都在跟裸子植物比大、比高；為了吃到長在高處的葉子，不惜伸長脖子。不過，三角龍就不一樣！三角龍腿短，個頭也小。而且，頭骨是向下的。看上去就像是草食性動物的牛或犀牛一般。這是為了能吃到從地面長出的小草而演變出的型態。

然而，被子植物的進化速度確實超前了恐龍很多。就連三角龍要趕上植物的進化，恐怕也有所困難。被子植物可以在短時間內就嘗遍各種方法，完成更好的進化。

為了保護自己不被專門吃植物的草食性恐龍吃掉，它們也是下了功夫的。例如，植物紛紛讓自己身上多了生物鹼（alkaloids）之類的有毒化學物質。而恐龍應付不了植物製造出的這類物質，紛紛出現消化不良或中毒死亡的現象。

事實上，觀察白堊紀末期的恐龍化石就會發現，它們的器官都異常肥大，蛋的殼也都很薄，這很明顯是中毒引發的嚴重生理障礙。話說回來，著名的科幻電影《侏儸紀公園》裡，就曾出現三角龍因為吃了有毒植物而中毒倒下的畫面。

在加拿大亞伯達省（Alberta）的德蘭赫勒鎮（Drumheller）發現了很多恐龍化石。從這個地區七千五百萬年前的地層裡，找到的三角龍等角龍化石多達八種，但一千萬年後的角龍化石就減少到只剩一種。反觀，這段期間的哺乳類化石，則從十種增加到二十種。

或許導致恐龍滅絕的直接原因是因為小行星撞地球。不過，**無法適應時代變遷的恐龍走上衰亡之路，似乎也是難以避免的**。

不停加速

從裸子植物進化到被子植物，不斷加快世代更新速度的植物。之後更進化成了草，這一切恐怕得從「進化成單子葉植物」開始說起。

一般認為，單子葉植物是從後來變成樹木的紫玉蘭或樟樹等植物，分出進化而來的。被子植物從巨大的樹木，進化成低矮的小草；進化成草的過程跟單子葉植物的出現，是在同一時間發生的。因此，現在的單子葉植物也全部是草本植物。

相較於單子葉植物，在這之前的植物都被稱為「雙子葉植物」。後來，因為「草」這種型態比較優秀，因此，除了單子葉植物外，雙子葉植物中也有直接進化成草的。單子葉植物的草本和雙子葉植物的

單子葉植物與雙子葉植物的差別

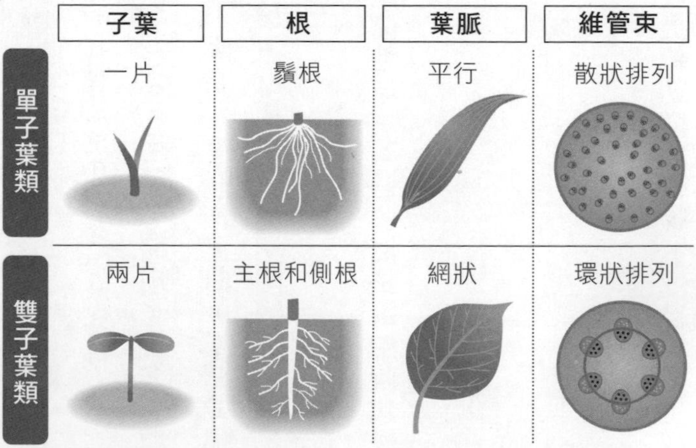

草本，各自完成不同的進化。

單子葉植物和雙子葉植物的不同，從名稱就可以曉得，雙子葉植物的子葉有兩片，單子葉植物則只有一片。再者，翻開理科教科書會讀到：相較於雙子葉植物在莖的剖面，有導管和篩管形成的環狀「形成層」㉓，單子葉植物則沒有形成層。從根部來看的話，雙子葉植物有主根和側根，形狀複雜；單子葉植物則只有細細的、宛如長鬍子的鬚根。還有，雙子葉的葉脈呈網狀，是錯綜複雜的，而單子葉的葉脈則只是並排在一起的平行脈。

一般人會以為，構造單純的單子葉植物年代比較久遠，而構造複雜的雙子葉植物則是進化得比較好的植物，但事實卻正好相反。換句話說，**植物進化成單子葉植物，乃是化繁為簡，捨棄了多餘的東西，朝簡單化的方向邁進。**

從木本進化到草本，為的是加快成長的速度。體積大的話，勢必得層層堆疊，建立穩固的架構，以維持生存，但小草就不需要太複雜的構造。因此，**單子葉植物只求能快速成長就好了。**

縮短壽命，換取進化

植物從樹進化成了草。仔細想想，還真是不可思議。長成大樹的木本植物，可以活上幾十年甚至幾百年。其中更有樹齡高達幾千年的老樹。另一方面，長成小草的草本植物，壽命則在一年以內，長的頂多也只有數年。如果想要的話，甚至可以活上數千年的植物，竟然為了達成進化，選擇比較短的壽命。

凡是生物都不想死，都有求生的本能。因此，植物只要能照到一點光，就會想辦法開枝散葉，動物更是拼了命地躲避天敵的追殺。為了延長壽命，所有生物都絞盡了腦汁，但為什麼植物會朝短命的方向去進化呢？

誠如第七十九頁講過的，「死」這個東西是生命自己發明出來的。靠著世代傳承、不斷的變化，生命找到了永續存在的出口。

要跑完長程的馬拉松比賽太辛苦了。尤其是途中有山、有谷的障礙賽。要抵達四十二點一九五公里外的終點，談何容易？一百公尺的短跑就不一樣了，只要全力衝刺就行了。就算途中難免會遭遇障礙，忍一下也就過了。日本的電視台曾做過一個節目，讓馬拉松選手和每一百公尺就換人跑的小學生比賽，結果，就連馬拉松選手也跑不過全力衝刺的小學生們。

植物也是一樣的。要活上一千年，是非常困難的。只要途中遇到障礙，就有可能枯萎死亡。相反地，只活一年的話，安然無礙地逝去的機率會高出許多。因此，植物寧願縮短壽命，只跑一百公尺就把棒子交出去，藉此加快世代更新的速度，讓後代子孫不斷地繁衍下去。特別的是，植物每隔幾代就能出現變化，以達成更優良的進化。

就這樣，被子植物藉著不斷提升後代的品質，得以順應動盪的環境與時代的變遷。

㉓編按：是一種植物組織層，主要是提供未分化的細胞，讓植物能生長。

Chapter 13

出現花蟲共生——二億年前

DARWIN

共生的力量

成功加快世代更新速度的被子植物，接下來將朝怎樣的方向繼續進化呢？

被子植物成功的祕訣，在於它「積極地與其他生物建立關係」。因為與其他生物互相影響、交流，導致它能產生多樣化的後代。

相較之下，裸子植物與其他生物的關連性就小很多。就是這樣的差別，造成裸子植物與被子植物之間的勢力轉移，裸子植物漸居下風，地盤也一點一滴地被搶走。

那麼，被子植物是跟哪些生物，又是怎樣建立起關係的呢？被子植物最初的合作夥伴，就是前面已經介紹過的昆蟲。被子植物發展出提供花粉和蜂蜜給昆蟲，讓它們幫忙運送花粉的共生手段。

據推測，最初幫忙運送花粉的昆蟲應該是金龜子之類的。也就是說，在這段相親相愛的共生關係發展的過程中，對植物而言，金龜子是它的初戀。

被子植物的初戀

初戀這種東西，就算有點拙、有點蠢，也始終是獨一無二、令人難以忘懷的。

即使到了現代，金龜子也絕對稱不上是聰明的昆蟲。它跟蝴蝶、蜜蜂這些會在花朵裡穿梭的昆蟲不同，它幾乎是像墜落似的，一屁股坐在花朵上，東翻西找地在花朵裡覓食。不過，在蝴蝶、蜜蜂都還未出現的時代。能幫忙運送花粉的，只有這笨手笨腳、傻不隆咚的金龜子。

就連在能運送花粉的昆蟲中，它的工作效率也算不上是好的。站在植物的立場，如果可以的話，它當然希望能有工作效率好的昆蟲來幫忙運送花粉。於是，植物開始學會挑選對象。

為了符合植物的擇偶條件，率先完成進化的是能在花叢中輕盈穿梭的蜜蜂們。同時，植物裡面也出現了會選擇靈巧蜜蜂為伴侶的物種。為了吸引蜜蜂，植物想辦法開出美麗動人的花朵；然後，更準備了有別於花粉的高級大餐——「蜜糖」。

不過，豪華大餐一端出來，其他昆蟲也會跟著聚攏過來。因此，植物為了讓靈巧的蜜蜂獨享這美味的蜜糖，特地把蜜糖隱藏在花朵的深處，把花朵的形狀變得更加複雜，藉以回拒其他昆蟲的入侵。至於蜜蜂這邊，因為花朵的形狀變複雜了，它們也相對提高了鑽進花朵的能力，更懂得如何辨識花形。

就這樣，**植物和昆蟲一起完成了進化**。

果實的誕生

加快世代更新，成功提升進化速度的被子植物，它們的進化發明不光是和昆蟲共生的花而已；「果實」也是在戲劇性的進化過程中，「為了共生」，植物特地發展出的東西。

裸子植物與被子植物的不同，在於將來成為種子的胚珠是否裸露在外。裸子植物讓胚珠裸露在外；相反地，被子植物則用子房把胚珠包圍起來，以守護珍貴的胚珠。

因為有子房的保護，胚珠可以忍受更乾燥的環境條件。再者，子房也有保護種子免被害蟲或動物吃掉的功用。但是，後來出現以子房為食的哺乳類，將一起吃下的種子，變成糞便排出體外，結果竟讓種子的移動性大為增加。於是，植物開始製造果實，努力發展讓種子可以散播出去的方法。

只要動物或鳥類吃了果實，就會連同種子一起吃下。然後，當種子通過動物或鳥類的消化管，隨著糞便一起被排放出去時，種子就能隨著動物或鳥類的移動而大幅遠行。

既然如此，被子植物索性全力發展原本要守護胚珠的子房，把它變作能吸引動物來吃的果實。**植物提供食物給動物或鳥類享用，動物或鳥類則幫它運送種子**。就這樣，**動物、鳥類與植物之間，建立起了共生的關係**。

鳥類的發達

據說，最初吃掉果實，幫植物運送種子的應該是哺乳類。哺乳類原本只吃昆蟲的，但其中以果實為食的有了很好的發展。然後，就在白堊紀的後期，各式各樣的鳥類發達起來。這跟被子植物的出現，植物完成豐富多彩的進化有一定的關連性。

隨著花朵的進化，以糖蜜為食、幫忙運送花粉的鳥類出現了。於是，配合花朵的形狀，各種鳥兒完成了進化。不僅如此，為了吃到各式各樣的植物，昆蟲也跟著發展了起來。然後，植物又變化出更豐富多樣的果實。就這樣，隨著食物的不斷推陳出新，鳥類也完成了更多元的進化。

現在，以植物的果實為食，負責幫忙運送種子的任務，主要是由鳥類來擔任。哺乳類因為牙齒發達的緣故，不僅會吃掉果實，恐怕連種子都會咬碎。相較於此，鳥類沒有牙齒，吃的時候都是整粒吞下。而且，鳥類的消化道比較短，種子可以完好無缺地通過它們的體內。

再者，鳥類都在天空翱翔，移動的範圍會比哺乳類來得大多了。因此，對植物而言，比起哺乳類，鳥類才是幫忙運送種子的最佳人選。植物為了讓種子能更有效率地被運送出去，還特地做了個暗號，那就是果實的顏色。

果實一旦成熟就會呈現紅色。這是植物幫果實做的記號。

相反地，種子還未成熟前就被吃掉的話，那可傷腦筋了。所以，不熟的果實就跟葉子一樣呈現綠色，不會特別醒目。而且，帶點苦味的話，就能更保證它不會被吃掉了。

紅色代表「請吃」，綠色代表「不要吃」，這是植物和鳥之間互通訊息的暗號。

被吃掉就成功了

就這樣，被子植物和其他生物建立起互助合作的「共生關係」。

植物開出花朵，吸引蜜蜂或馬蠅等昆蟲過來。然後，植物提供花粉與花蜜，以換取昆蟲幫忙授粉，讓花粉能更有效率地被傳播出去。接著，植物又用甜美的果實把鳥類吸引過來，鳥類則幫忙運送種子作為報答。

無法移動的植物一生只有兩次讓後代移動的機會。第一次是花粉，第二次是種子。植物為了徹底利用這兩次機會，想出了讓昆蟲幫忙運送花粉、鳥類幫忙運送種子的方法。然而，這樣的共生關係是怎樣建立起來的呢？

在恐龍還存活的白堊紀時代，昆蟲來找花朵，並不是為了幫忙運送花粉。昆蟲是為了吃花粉才接近花朵的。因此，對植物而言，昆蟲是消滅子孫的大敵。不過，當昆蟲在花叢中穿梭覓食的時候，偶然的機會下，吃了花粉的昆蟲不小心把身上沾到的花粉帶到其他花朵上，完成了授粉。然後，植物為了進一步利用昆蟲，特地準備了甜美的蜜糖供昆蟲食用，巧妙地把可恨的敵人變成了合作的夥伴。

那果實又是怎麼一回事呢？植物的果實也是在白堊紀才發展起來的。鳥類之所以接近植物也不是出於想要幫忙運送種子的善心。一開始它的目的可能是要吃種子或是守護種子的子房吧。不過，植物卻成功與這樣的鳥類建立了合作關係。

植物巧妙地利用「被吃掉」這件事，成功達到撥種、擴張的目的。

共生關係帶來的結果

自然界是弱肉強食的世界，只有在殘酷生存競爭中勝出的生物，才能存活下來。這裡不講規則也沒有道德，是為求生存不擇手段、贏者全拿的世界。相較於此，人類社會的競爭可說是小巫見大巫了。

然而，就在這麼嚴苛的競爭中，植物竟然想出了共存之道，找到了和其他生物互助共榮的方法。

比起互相競爭，互相幫助才能存活下來。

這是被子植物在嚴苛的大自然中找到的答案。

為了建立起這互助合作的共生關係，被子植物做了哪些努力呢？它提供昆蟲花粉和蜜糖，更為鳥類準備了甜美的果實。雖然，一開始植物可能是無心插柳，並不是有意為之。但從結果論而言，它把對方的利益擺在了自己的前面，嘗試著先「付出」，這才有了共生的關係。

《新約聖經》有言：「施比受更有福。」

早在說出這句話的耶穌降生到世上之前，被子植物就已經達到了這樣的境界。

Chapter 14

古老的生存之道——一億年前

DARWIN

落葉樹的斷尾求生

被子植物中有人進化成草本植物。然而，並不是所有植物都選擇變為草本。選擇作為樹而活下來的木本植物也有很多。然後，在木本的被子植物中，也有新型態的物種出現。它們是一到冬天就會掉葉子的「落葉植物」。

落葉植物的誕生，一般認為是在白堊紀快結束的時候。隕石撞地球，造成恐龍的滅絕，就在那之後，地球的氣候一下子變得非常寒冷。於是，為了抵抗嚴寒，植物發明了「落葉」這個機制。

「落葉」真的是非常優良的機制。對植物而言，樹葉是行光合作用不可或缺的器官。不過，同一時間，樹葉的蒸散作用，亦有導致水分流失的缺點。

在隕石撞地球後，揚起的大量粉塵遮住了太陽光，造成植物行光合作用的能力下降。不僅如此，由於光合作用是一種化學反應，必須仰賴溫度，一旦氣溫下降，行光合作用的能力就會變得更差。氣溫降到一個極致，會讓根的活動力也跟著下降，導致水分也變得不足。不只光合作用的能力越來越差，還浪費掉珍貴的水分。到了這種步，葉子對植物來說已經是一種負擔了。

在這種狀況下，與其不斷地擴枝展葉，倒不如暫時屈就忍耐，是為上策。因此植物在無法行光合作用中，選擇節約水分以自救，選擇了「去掉自己的葉子斷尾求生」一途。換句話說，就像一個公司裁員自救一樣的道理。

「落葉」，便是植物為了撐過這麼嚴苛的低溫條件想出來的辦法。

但是，木本的被子植物中，也有選擇不掉葉子的。像櫟樹或樟木等樹木，即使到了冬天也不掉葉子。這些植物被稱為「常綠植物」。不過，因為葉的表面是光澤的，又被稱為「常綠闊葉樹」。

葉子油亮有光澤，主要是因為這些樹的葉子上，有一層厚厚的名叫「表皮」（epidermis）的蠟質。這層表皮能防止不必要的水分流失。不過，這個方法並不能百分之一百對抗嚴寒低溫。因此，直到現在，還是只有在相對溫暖的地方才能見到常綠闊葉林。說起來，還是落葉樹掉葉子的機制比較能夠適應極寒的區域。

背水一戰的針葉樹

木本的被子植物中，有冬天掉葉子的落葉樹和經年常綠的闊葉樹；相較於此，發展得比較遲緩的裸子植物，則是進化成了針葉樹。

裸子植物亦為了適應低溫而完成了進化。它們不僅用蠟質把葉子包覆起來，更不惜犧牲行光合作用的能力讓葉子變細長。因為這些樹的葉子細如針狀，所以被稱為「針葉樹」。與為了適應寒冬而捨棄葉子的落葉樹比起來，身為裸子植物的針葉樹感覺就古老落伍多了。

但是，就像分布在西伯利亞或加拿大北方一帶的泰卡林（Taiga）[24]，或是北海道的庫頁冷杉林或蝦夷松林，雖然進化發展較慢，針葉樹卻在最為寒冷的極地建立起廣大的森林。

事實上，被子植物還獲得的先進生存機制之一──「導管」。

蕨類植物或裸子植物靠著「管胞」設備運送水分。它們先在細胞與細胞間開個小洞，然後依序把水從這個細胞送往下個細胞。這與大家排成一列、用水桶送水的概念是一樣的。

管胞是蕨類植物進化後得到的新設備。雖然它送水的效率不是很好，但畢竟是為了輸送從根部吸上來的水專門設計的器官，在當時已經是劃時代的發明了。不過，管胞是屬於莖的一部分細胞，還要負擔起支撐植物體的任務，因此，就算細胞壁變厚，它也不可能為了排水而把洞開大一點。

相較於此，被子植物的細胞與細胞間就完全沒有細胞壁的阻隔，洞要開多大就開多大，它得到的設備是類似水管、利於排水的導管。再者，導管裡支撐身體的細胞和負責排水的細胞各司其職，功能是分開的，因此排水的部分就可以大一點、粗一點。就這樣，被子植物利用排水專用的空洞組織，得以大量搬運從根部吸上來的水。反觀裸子植物的管胞就得多花點時間才能讓身體變大了。

不過，這個時代是講求速度的時代。為了應付環境的變化，被子植物一定得加快世代更新的腳步。因此，快快長大，儘早開花是必須的。若著眼於快速生長的話，送水效率好的導管確實要有利多了。

古老的生存之道

不過，這先進的設備還是有缺點的。那就是它很容易結冰。

導管中的水是相連的，形成一道長長的水柱。當葉子表面的蒸散作用導致水分散失時，導管就會自動把水吸上來。因為這個機制，擁有導管的植物可以獲得足夠的水分。

然而，一旦導管中的水結冰又融化後，便會產生氣泡，使水柱出現空洞。於是，相連的水柱出現了斷層，這下水就吸不上來了。

反觀裸子植物的管胞，是在細胞與細胞之間開個小洞，讓管子穿過去，然後以接力的方式，按照順序，把水從這個細胞送到下一個細胞，再下下一個細胞。這跟一口氣把水送上去的導管相比，效率真的差多了，感覺挺落伍的。不過，這種接力送水的方式，可以讓水確實送往每個細胞，不致發生像導管那樣的斷水事件。因此，裸子植物就算在冰天雪地的地方也可以吸到水而保住性命。就這樣，裸子植物建立了自己耐凍的優勢，廣泛分布於極寒之地而存活了下來。

自從被子植物出現在地球上就不斷地攻城掠地，擴展其勢力範圍。把裸子植物逼到絕境的末期，恐龍們其實也注意到它們，但恐龍吃不了被子植物，反而和裸子植物一樣被奪走了棲地。於是，適合生育的溫暖區域全讓被子植物佔領了，裸子植物只好搬家往寒冷的土地移動。

現在，在北方大地看到的裸子植物針葉林，乃是受到被子植物迫害而出逃的裸子植物的後裔。

被子植物靠著落葉這個新機制克服了一切難關，連在寒冷的環境下都能生存下來。而針葉樹活下來的祕密，就在裸子植物擁有的、看似過時的設備上。

㉔編按：或稱做「北方針葉林」，是地球陸上最大的生物群系，主要分布於阿拉斯加、加拿大，以及西伯利亞。

Chapter

15

哺乳類的「利基策略」㉕——一億年前

DARWIN

弱者練就的本事

大家都以為哺乳類是在恐龍滅絕後才出現的。但其實，哺乳類的歷史要比我們想像的悠久多了。

大家都說哺乳類是從爬蟲類演化而來的。不過，在兩棲類進化成爬蟲類的祖先雙弓類[26]的同時；哺乳類的祖先，被稱為單弓類[27]的物種就已經出現了。從這點來看，哺乳類也有可能是從兩棲類演化而來的。

事實上，最原始的哺乳類出現是在中生代三疊紀的後期，距今兩億五千萬年前。這跟恐龍的出現幾乎是同一時期。

只是，當時支配整個地球的是恐龍。

我們的祖先哺乳類是在與恐龍的霸權爭奪戰中的落敗者。然後，哺乳類為了逃離恐龍，只能選擇在恐龍鮮少出沒的夜間活動，進化成為夜行性動物。

不過，弱小的哺乳類也因為弱小而練就了一番本事。它們能躲藏起來，不被敵人發現，更擁有敏銳的聽覺和嗅覺，方便在黑暗中找到食物。它們的身手也非常靈活，能在狹窄的地方來去自如。

此外，哺乳類的身上還多了一個武器，那便是「胎生」。產卵、生下蛋，不管再怎麼保護它，弱小的哺乳類終究是心有餘而力不足。有時候為了活命只好捨棄蛋自己逃跑，有時候就算拚死守護了，蛋還是被奪走、被吃掉。

於是，哺乳類就不生蛋了，改以在腹中孕育胎兒，等到成熟了再把它生下來。

生物為求生存，必須找到屬於自己的「利基點」。

恐龍稱霸地球時，幾乎所有的好處、優勢都被牠們給佔盡了。因此，哺乳類只好在恐龍不會出沒的夜晚尋找自己的利基。生物生存不可或缺的利基到底是什麼呢？

接下來，就讓我們稍微講一下什麼是「利基點」吧！

生物的利基策略

在人類的商業世界，有所謂的「利基策略」。

利基指的是，在大市場的夾縫中求生存的小市場。不過，原本「利基（Niche）」這個詞是用在生物學的，卻作為市場行銷學術語而廣為人知。「利基」一詞，最早指的是在牆上挖洞、用來擺放裝飾品的壁龕。之後，逐漸被應用在生物學上，專指「某種生物擁有的棲息範圍或環境」。生物學中，把利基翻譯成「生態區位」或「棲息地」。

一個壁龕，只能擺放一件裝飾品；同樣地，一個生態區位，只能容許一種生物居住。

對生物而言，生態區位不光只是縫隙那麼簡單。所有生物都有專屬於自己的生存空間。這個空間是不能重疊的。如果重疊的話，勢必會在重疊的地方展開激烈的競爭，到最後只有一種生物能存活下來。就像是搶椅子遊戲，只有搶贏的生物，才能獨佔這個生態區位。

生態區位的爭奪，或許也可以用棒球的背號排序來做比喻。穿一號球衣的王牌投手只有一人。捕手也好，一壘手也罷，一個號碼只能有一個人穿。投手丘上永遠只能有一位投手。一旦換投手的話，原先的投手就得下場。

跟投手丘一樣，一個生態區位也只容許一種生物獨佔。於是，搶奪生態區位的競爭就會變得非常激烈了。

生存競爭的開端

一個生態區位，只容許一種生物獨佔。共存這種事是不存在的，第二名只能接受滅亡的命運。這麼嚴苛的自然環境，到底是在什麼時候形成的呢？

有一個實驗叫「高斯實驗」。

這是蘇聯的生態學者高斯（Georgii F. Gause），把大草履蟲和雙小核草履蟲，兩種不同的草履蟲放在同一個水槽裡飼養所做的實驗。結果，你猜如何？即使水槽的水和飼料都很充足，最後仍舊只有一種草履蟲活了下來，另一種則被趕了出去。

生態區位相同的物種是無法共存的。強者會活下來，弱者則被消滅。這便是所謂的「競爭排除原則」。

像在演藝圈，就很不喜歡「撞型、角色重疊」的事情發生。擁有同樣特色的藝人一個節目只需要一個。A參加演出，B就不用來了。演藝圈的生存競爭亦是如此。

只有第一名能活下來。這是大自然訂下的鐵律。這個法則早在草履蟲這種單細胞生物的世界，就已經讓我們見識到了。

「棲位分化」策略

不過，如此，有件事就說不通了。生活習性相似的生物是無法共存

生存空間重疊的兩種草履蟲無法共存

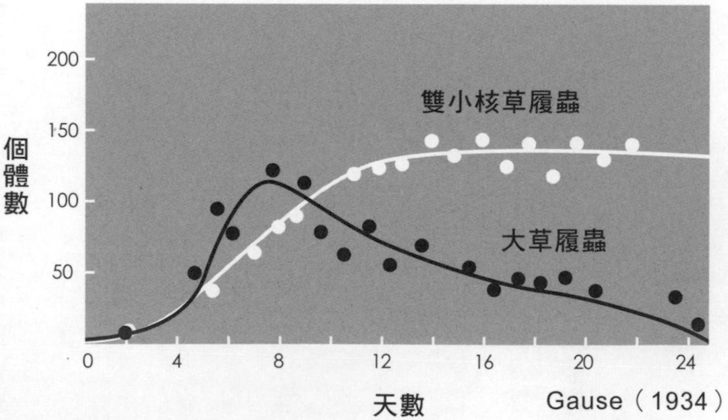

的。只有第一名能活下來，第二名以下的則等著被淘汰。

這樣的話，那為何自然界會有那麼多的生物呢？

事實上，高斯還做了另一個實驗。

他換了草履蟲的種類，嘗試以大草履蟲和綠草履蟲做實驗，並觀察到不同的結果。這次兩種草履蟲都活得好好的，在同一個水槽裡居住著。為什麼，這次的實驗兩種草履蟲就可以共存呢？

事實上，大草履蟲和綠草履蟲生活的空間是不太一樣的。大草履蟲主要住在水槽的上方，以漂浮的大腸菌為食。另一方面，綠草履蟲則棲息在水槽底部，捕食酵母菌為食。

換句話說，在水槽上方的世界裡，大草履蟲是第一順位，而在下方的世界裡，綠草履蟲則是第一順位。像這樣，即使住在同一個水槽裡，**只要做好空間分割，就不會互相競爭而能共存。這便是所謂的「分棲共存」**。

由此可知：**生存空間重疊的生物，勢必展開激烈的競爭，最後只有第一名能留下來。但如果棲位分開的話，就可以相安無事了。**

自然界裡有許多生態區位。生物們一起瓜分這些區位，各自住在專屬的空間裡。沒有兩種物種的生態區位是重疊的，就個性或屬性而言，所有生物全是獨一無二的。

分棲共存

當真所有生物都必須是第一名，生態區位都是分開的嗎？

讓我們看看今日哺乳類的世界好了。非洲大草原上，有各式各樣的草食性動物生活在一起。它們真的都有做到「分棲共存」嗎？

生存空間分開的兩種草履蟲可以共存

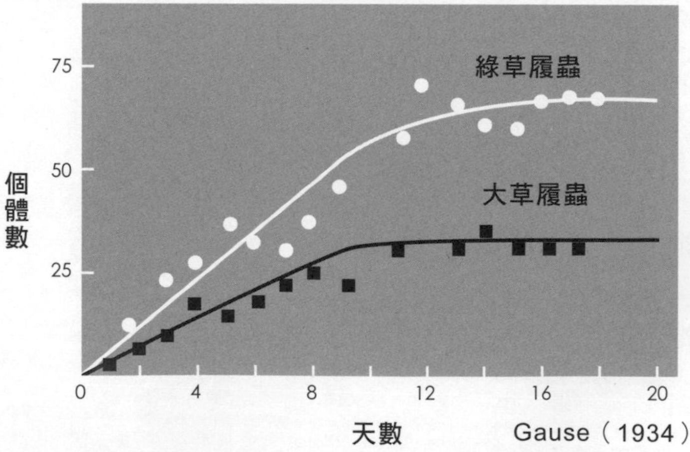

Gause（1934）

斑馬以草原上的草為食。另一方面，長頸鹿就不吃地上長出的草，而吃高樹上的葉子。換句話說，斑馬和長頸鹿雖然一同生活在非洲大草原上，卻不會為了食物而打架。

草原上吃草的動物，除了斑馬還有其他。比方說，牛羚和瞪羚。事實上，這些動物的食物喜好也都不太一樣。

屬於馬科的斑馬，吃的是草最前端的部分。接著，牛科的牛羚則吃下面一點的莖或葉子。然後，鹿科的瞪羚吃的則是最接近地面的矮草。就這樣，雖然同樣都是大草原上的草食性動物，卻因為食物的喜好做出了區隔，得以分棲共存。

再舉一個例子，大草原上，犀牛也有分白犀牛和黑犀牛。這兩種犀牛難道不會為了爭奪食物而打架嗎？

白犀牛有著寬扁的嘴唇，以舔食地面的矮草為食。另一方面，黑犀牛的嘴則是尖的，專門吃比較高的草。就像草履蟲一樣，犀牛也是藉由食物的區隔找到專屬於自己的生態區位。

生態區位不單只是指有形的場所那麼簡單。就算生活在同一場所，只要依賴的食物不同，還是可以共享同一個區位的。而且，活動時間不一樣，區位也是可以共享的。像這樣，**藉由做好空間或食物的區隔，就可以生活在一起的狀態，被稱為「分棲共存」**。

當然，生物一開始並不是為了要和平共處才決定要把「棲位分開」的。那是在激烈的競爭下，自然演變的結果。

尋找新的生態區位

就這樣，所有生物各自擁有自己的生態區位，自然界幾乎已經沒有空的位子。這就好像搶椅子遊戲，一張椅子只能有一個人坐。於是，生物們經常為了搶位子而大打出手。

遺憾的是，在演化的過程中，地球上大部分的位子都有生物佔領。要找到新的位子，變得十分困難。恐龍稱霸地球的時候，哺乳類只能在恐龍不會出沒的夜晚，或不屑居住的狹小空間裡，尋找自己的生態區位，活得非常的小心翼翼。

不過，恐龍消失了以後，地球的生態區位一下子全空了出來。於是，為了佔領好不容易騰出的生態區位，哺乳類遂想盡辦法適應環境，完成了各種進化。

研究指出，哺乳類的祖先不過是像老鼠般的小動物，然而，當三角龍等草食性恐龍消失後，為了填補三角龍空出的位子，牠便進化成犀牛或牛之類的哺乳類。接著，為了頂替以草食性恐龍為食的暴龍的位子，牠又進化成老虎或獅子等猛獸。像這樣，為了適應各種環境而不斷變化的現象被稱為「適應輻射（Adaptive Radiation）」[28]。

現存的有袋類就是很好的適應輻射的例子。

袋鼠等有袋動物，因為無法在腹中把胎兒養大，只好提前把它生下來，孕育在育兒袋裡。它們在哺乳類中，算是比較古老的類群。因此，當哺乳類進化成能夠在腹中，把胎兒養育成熟的胎盤動物時，有袋類就滅亡了。不過，在澳洲，哺乳動物就只有跟袋鼠同科的有袋類一種。因此，它們大可以關起門來、與世隔絕地完成進化。[29]

例如，為了取得在其他大陸上原本被鹿等大型草食性動物，所佔領的生態區位，袋鼠便進化了。負鼠則為了老鼠的位子，蜜袋鼯則為了鼯鼠的位子而進化。然後，負狼也進化到擁有像狼這類肉食獸的地位。還有，袋鼹為了鼴鼠的位子，無尾熊為了看似怪裡怪氣的樹懶的位子，都紛紛完成進化。

最後的結果是，不管是否只有有袋類一種哺乳動物，在其他大陸的生物都進化成更多元化的生物。

就這樣，空出的位子一下子又被填滿了。恐龍滅絕之後，哺乳類就像我們在有袋類身上看到的例子一樣，一邊不斷地發展進化，一邊佔領各種生態區位。於是，多彩多姿的動物世界便形成了。

哺乳類得以支配世界的理由

恐龍滅絕了，它空出的位子由哺乳類填補。就此繁榮興盛的哺乳類，取代了恐龍，成為陸地的支配者。

不過，恐龍滅亡之後，一開始對地球影響力最大的並不是哺乳類。而是跟哺乳類一起渡過滅絕危機的鳥類和爬蟲類。

鳥類和爬蟲類，早在恐龍還存在的時代，就保有一定的地位。鳥類可以自由翱翔於天空，是支配天際的王者。爬蟲類則進化成類似鱷魚的大型猛獸，亦是水邊的王者。相較之下，哺乳類則什麼進化都沒有，只是像小老鼠般的存在，搶人家吃剩的渣渣，窩在小角落裡生存。

不過，塞翁失馬，焉知非福。

鳥完成了其他生物做不到的「飛」的進化，進而成為天際的霸主。鱷魚之類的爬蟲類也早已是水邊的王者。雖說陸上是恐龍的天下，但到了水邊，恐龍不小心還會被鱷魚吃掉。即便到了現在，鱷魚還是跟恐龍時代時沒什麼兩樣。換句話說，鱷魚的「型」早在恐龍時代就已經定下來了。

像這樣，已經擁有自己的進化型的鳥類或爬蟲類，因為這個型已經很成功了，也就捨不得去做什麼大的變化。不過，哺乳類什麼進化也沒達到，簡直就是「一張白紙」，可以愛怎麼變就怎麼變，反正也沒損失。赤腳的不怕穿鞋的，越窮的人越豁得出去。因此，一無所有的哺乳類大可順應各種環境，自由自在地變化。

滅絕的物種

在爭奪生態區位、努力進化的過程中，哺乳類自己之間也展開了非常悲壯的競爭。代表性的例子有「Gigantopithecus（巨猿）」。

巨猿是生存在百萬年前，從與人類共同的祖先分出、進化而來的類人猿。Gigant的英語為「giant」，Gigantopithecus的意思就是「巨人」。就如其名，巨猿的體型非常高大，據說有三公尺高、五百多公斤重。是比大猩猩還巨大的史上最大類人猿。

這麼強大的類人猿，為什麼會消失呢？

有一種說法，說他是因為生態區位搶不過大熊貓（giant panda）才滅亡的。大熊貓的名字裡也有個「大」字，代表說它也是很龐大的生物。大熊貓是以竹子為主食的大型哺乳類，而巨猿的食物主要也是竹子，兩者的生態區位重疊了，導致巨猿因此而滅亡了。

這真是攸關生死存亡的搶椅子遊戲。生態區位的搶奪，就是這麼殘忍而嚴峻。

「錯開」的戰略

一個生態區位，只能容納一種生物。

不過，就像棒球員的背號之爭，搶到好位置的人，並不代表從此便能高枕無憂。只要有跟自己的棲息地，也就是生態區位，重疊的對手出現，就會展開一場激烈的競爭。而且，這個競爭是「不是你死，就是我亡」的殘酷爭鬥，是賭上所有身家性命的大冒險。

但是，跟棒球的背號不同，自然界有無數的生態區位。與其執著於某個區位，跟別人鬥個你死我活，倒不如就近找找看自己身邊還有沒有新的空位。於是，**生存空間重疊的物種，開始在現有區位的周邊尋找新的棲息地。**

這被叫做「利基轉移（niche shifting）」。換句話說，**就是把生態區位隔開來**。例如，即使生活在同一個地方，只要依賴的食物不同，還是可以共存。或是，依賴的食物相同，但取食的地點不同，也是可以共存的。又或者，吃的食物、居住的地點都相同，但活動的時間不一樣，仍舊可以共存。與其競爭、兩敗俱傷，還不如錯開，找到自己的利基點，這樣風險也會比較小。這便是所謂的「錯開」策略。

就像撞型的藝人必須找到自己的特色，想辦法變出新花樣一般，生物也要做好區隔，才能確保自己的位子不會被搶走。

就這樣，多數物種得以共存的自然界便形成了。

㉕編按：「niche」源自法語，原意是「巢穴」、「避難所」（與「nest」意義相近），英文的「niche」是在生物學上指「生態區位」、「棲息地」，而借用在商業行為則為「利基」。

㉖編按：是群頭骨兩側各有兩個顳顬孔的四足動物。現存的雙弓動物非常多樣化，包括：鳥類、鱷魚、烏龜、蜥蜴、蛇等。

㉗編按：是爬行動物的一個物種，因在頭骨的兩側各有一個下顳孔，因此得名，又稱做似哺乳爬行動物。

㉘編按：指的是像光線四射般地進化從而佔領各種生態區位。

㉙編按：現今有袋類動物多分布於澳洲及附近島嶼，還有少數生活於中美洲與北美洲。據推測這與澳洲與其他大陸都有相當距離有關，這也造成有袋類能在澳洲繼續進化的關鍵。

Chapter

16

搶佔天空的位子——二億年前

DARWIN

征服天空

生物的棲息地叫做「利基」、「生態區位」，或是「棲息地」。各種生物為了生存，確保其棲息地甚為重要，當林林總總的生物佔滿了大海的「利基」環境，生命於是登上了陸地而盤踞屬於各自的「生態區位」。

對水中、陸地都沒有自己位子的生物而言，要上哪兒去尋找新的棲息地呢？佔領「天空」如何？

在我們頭上是一望無際的天空。當然，有些生物就會想朝天空這個廣大的區域尋找新的利基點。人類看到在天上飛的生物，總會產生欣羨之情，幻想自己有一天也能飛上天際。於是，不斷有人向天空挑戰，但也不斷嘗到失敗。

一直到進入二十世紀後，人類才發明了飛機，得以翱翔天際。

但是，其他生物又是如何飛上天空的呢？

天空的霸主

在地球歷史中，最先飛上天空的生物是昆蟲。

大概在三億年前吧？兩棲類好不容易登上陸地的時候，昆蟲就已經像今天一樣能夠在天上飛了。

昆蟲的進化充滿了謎團。到底，昆蟲是怎麼得到翱翔天際的翅膀的？遺憾的是，關於昆蟲翅膀的由來，至今無人知曉。

當時支配天空的是體長超過七十公分、跟現在蜻蜓長得很像的名叫「巨脈蜻蜓（Meganeura monyi）」的巨大昆蟲。如今說到昆蟲，都是小小的，根本看不到像巨脈蜻蜓般的龐然大物。古生代巨型昆蟲之所以能夠活躍的背景，據說是因為氧氣濃度高的關係。

當時，登上陸地的蕨類植物卯足了全勁行光合作用，排出大量的氧氣。導致當時的氧氣濃度高達百分之三十五，比現在的氧氣濃度百分之二十一高出許多。

昆蟲等節肢動物的呼吸構造非常簡單，就是從氣門把空氣吸進去，再擴散到體內各處。因此，當氧氣的濃度不夠高時，身體的角落就無法得到充足的氧氣。

不過，後來氧氣的濃度下降了。氧氣濃度下降的原因不明。有人說，是因為火山爆發導致植物減少，也有人說，是因為火災導致植物都被燒死。不過，氣候變遷，降雨量變多，分解植物的真菌大量繁殖，或許也是原因之一。

巨脈昆蟲等巨型昆蟲活躍的時代，是在古生代的「石炭紀」。石炭紀的時候，會將枯萎植物分解的真菌還沒有那麼多。因此，植物旺盛的生長、枯萎，卻始終不會被分解，就這麼擺著、擱著，直接變成了化石。石炭紀之所以被稱為石炭紀，便是因為它是由這些「石炭」所建造的時代。不過，一旦真菌開始活潑工作後，分解植物時便會消耗掉氧氣，於是，氧氣濃度便下降了。

低氧時代的霸主

氧氣濃度下降，昆蟲們為了呼吸，只好縮小自己的體型，體型小的話，就不需要那麼多氧氣了，可以確保身體的各個角落都能得到氧氣。

說到把身體變小，在那時，可以飛在天上的生物也就只有昆蟲而已。

在這石炭紀最繁榮鼎盛的是我們哺乳類的祖先，被稱為哺乳類型爬蟲類的生物。不過，哺乳類型爬蟲類亦在低氧環境中節節敗退，到最後只剩下小型物種能倖存下來。不過，有一種生物卻因為能夠適應低氧環境，而逐漸蓬勃起來。

那便是恐龍。

在氧氣濃度低的條件下，恐龍發展出名叫「氣囊」的器官。氣囊就位在肺的前後，作用類似充氣的幫浦。

我們人類在呼吸的時候，是藉由吸氣把空氣吸入肺中。然後，肺會把氧氣留下來，並藉由吐氣，把二氧化碳排放出去。換句話說，空氣就在肺裡面進進出出。就像單線鐵路一樣，

哺乳類型爬蟲類
（長棘龍，Dimetrodon）

吸氣、吐氣在肺裡輪流進行，必須先吸再吐，然後再吸再吐。

相較於此，氣囊就不一樣了。空氣在進入肺之前會先進入氣囊，再由氣囊把空氣送進肺裡面。然後，透過別的氣囊，肺裡面的空氣再被排出去；換句話說，它就像是單行道。因此，當恐龍在吸氣時，仍會有新鮮的空氣透過氣囊，不斷地被送進肺裡，而當恐龍在吐氣時，還是有空氣從氣囊排放出去。這是效率非常好的呼吸系統。

因為發展出這樣的氣囊，讓恐龍得以適應低氧的環境，並繁榮興盛起來。終於，在恐龍裡面出現了像是「無齒翼龍（Pteranodon）」這樣擁有翅膀的恐龍。不過，這種恐龍的飛行技術不是很好，大多只能在天上滑行。因此，一遇到障礙物多的地方，譬如說在森林中，牠們便英雄無用武之地了。

森林沒有屬於翼龍的利基。為了爭取這種區域的棲地，某些恐龍便進化自己的翅膀，變成飛行能力很好的物種；它們就是後來的鳥類。鳥類是從恐龍演化而來的，這點如今已成定論。

一般認為，鳥類的祖先，乃是以暴龍為代表的肉食性恐龍進化而來的獸腳亞目㉚的恐龍。

翼龍的制空權

即便鳥類出現，擁有廣大天空支配權的仍是翼龍。翼龍本身亦為了爭奪制空權而展開「種內競爭」。翼龍的體型越變越大，競爭失敗的翼龍則走向滅亡。就這樣，隨著不斷上演的生存競爭，翼龍的種類竟逐漸減少。

另一方面，奪走翼龍制空權的鳥類，則不參與這種比誰力氣大的蠻力之爭。為了區隔與翼龍的生態區位，它們想辦法把體型縮小。結果，竟導致鳥類的種類數增加。

於是，包含翼龍在內的恐龍全滅絕後，稱霸天空王者的成了鳥類。不，恐龍並非滅絕，應該說恐龍變成了鳥類，以鳥類的型態活下來才對。

不管怎麼說，反正現在的天空是鳥類的天下。它們之中，甚至有能飛上萬里高空的高手；簡直比噴射機還厲害。

鳥類之所以能飛那麼高是有理由的。全是拜鳥類有氣囊所賜，得以在空氣稀薄的高空上飛翔。而這氣囊，正是恐龍在低氧時代進化的新裝備。鳥類善加利用恐龍進化得來的氣囊，攻佔了天空，並從此廣泛分布於地球的各個角落。

支配天空的王者

恐龍滅絕，翼龍也消失不見，天空的位子一下子空出了許多。鳥類為了填補這些位子，想辦法完成進化，不過，天空是如此寬廣，還是有許多空位保留著。這時，某種哺乳類遂想辦法攻佔了天空。它們是「蝙蝠」。蝙蝠的進化也是充滿了謎團。

蝙蝠雖然如願攻入了天空，但在制空權的競爭上，它們還是輸給了鳥類。所以，蝙蝠只好選擇鳥類不在的天空；那便是晚上。趁鳥類都安靜睡下時，蝙蝠才出來活動。

至今已知的蝙蝠總共有九百八十種；令人驚訝的是，這個數字佔了地球上所有哺乳類的四分之一。就連在日本生息繁衍的哺乳類中，就有三分之一、多達三十五種是蝙蝠。平時我們很少會去注意到蝙蝠，但其實它是最為繁榮的哺乳類。

話說回來，飛上天空的生物，其進化的過程，始終是個謎。

昆蟲也好，鳥類、蝙蝠也罷，這些生物到底是怎樣進化才得到翅膀的？在成功飛上天空之前，它們肯定經過無數次的失敗；然而，我們始終無法發現處於實驗階段的生物化石。

不管是昆蟲、鳥類或蝙蝠，當它們以新物種的型態出現時，就已經在天上飛了。難道，事實並不如人類所想，飛上天空並不是那麼困難的進化？

這個故事告訴我們，與其一直盯著地面看，還不如抬頭看看天上還有沒有空位，這點比較重要吧？

㉚編按：是群雙足恐龍。牠們主要是肉食性動物，但有一部分的獸腳類恐龍演變成為草食性、雜食性動物。更有一群演變為鳥類的祖先。

Chapter

17

猴子的源起——二千六百萬年前

DARWIN

被子植物森林提供的新棲地

在前面的章節有提到，於恐龍時代，形成廣大森林的是裸子植物。裸子植物的花，是靠風傳送花粉的風媒花，因此裸子植物必須生長在通風良好的森林裡。裸子植物不會開枝散葉，而是把樹幹伸得直直的，這樣風才能在樹林裡穿梭，來去自如。

相反的，後來出現的被子植物是靠昆蟲運送花粉的蟲媒花。所以，對被子植物而言，通風好不好不是重點，能照到陽光，讓枝葉蓬勃發展比較重要。因此，被子植物形成的森林是枝繁葉茂的森林。

在這種森林裡，樹木與樹木的枝椏交相重疊，葉子生長得十分濃密。樹木的上面長了很多葉子的地方稱為「樹冠」。哺乳類中，出現了以這樹冠為棲息地的物種。

它們便是我們人類的祖先——猴子。

猴子進化的特徵

選擇住在樹上的猴子，跟住在地上的哺乳類有著不同的特徵。

其一，是「眼睛的位置」。一般住在地上的動物，如果是草食性的話，眼睛都在臉的兩側。獅子、老虎等肉食性動物，眼睛則在臉的正面。草食性動物為了發現敵人，就算一個眼睛只能看到一邊，也要想辦法擴大視線範圍。相較於此，肉食性動物為了掌握與獵物的距離感，兩隻眼睛的視線就必須集中向前。

猴科動物要想在樹上跳來跳去，得抓準距離才行。因此，它們跟肉食性動物一樣，眼睛都是向著正面。

還有一點，就是「手的改變」。猴子的大拇指延伸的方向與其他手指不同，這是為了方便握住樹枝。還有，大多數動物都是把利爪插進樹幹裡藉以輕鬆爬樹，可生活在樹上的猴子，卻因為嫌爪子礙事而把爪子變成了平爪，靠指尖的感覺來抓握樹枝。

以果實為食的猴子

猴科動物很多都以棲息在樹冠的昆蟲為食，但其中有些猴子開始吃起樹上長的豐盛果實。就像第一五九頁介紹過的，植物的果實變紅了，代表說它已經成熟、可以吃了。然而，這個暗號只限於植物與鳥類之間。事實上，鳥看得見紅色，但哺乳類卻無法識別「紅」這個顏色。

恐龍昂首闊步的那個時代，哺乳類的祖先為了避開恐龍的耳目，不得不過著夜行性的生活。在黑漆漆的夜裡，最難看見的顏色就是紅色。因此，夜行性的哺乳動物，便失去了辨別紅色的能力。

然而，在哺乳類中，有一種動物、唯一的動物看到了紅色。它們便是猴科動物。某些猴科動物看得見紅色。我們人類的祖先，把哺乳類曾經失去的辨別紅色的能力，重新拿了回來。

雖然不知道猴子是因為想吃果實，才具備了識別果實顏色的能力，還是因為看得見紅色，所以才能以果實為食。反正就這樣，我們的祖先跟鳥類一樣，能夠分辨成熟的紅色果實，於是開始以果實為食物。

Chapter

18

在逆境中進化的草——六百萬年前

DARWIN

恐龍滅絕後的環境

自從進入恐龍滅絕的新生代之後，有很長一段時間地球變得十分寒冷。大概在三千四百萬年前吧？氣溫不斷下降，上升氣流減少，雨也不怎麼下了。於是，地球的內陸變得越來越冷。

在這樣的乾旱地帶，森林不見了，取而代之的是一望無際的草原。對植物而言，草原是最難生長的環境。怎麼說呢？因為會讓植物完全暴露於草食性動物的威脅環境中。

如果是蓊鬱森林的話，草和樹木長得密密麻麻的，總不至於所有植物都被吃光吧？然而，在空曠的草原上，植物連躲的地方都沒有。而且，能活下來的植物數量也有限。草食性動物們必須競爭才能吃到為數不多的植物。

身在這樣的草原環境中，植物到底要怎麼做才能保護自己呢？

為什麼有毒植物這麼少？

要保護自己最有效的手段，就是產生有毒物質。事實上，身上帶毒的植物還挺多的。但真正被叫做有毒的植物卻十分有限。為什麼，植物不全都變成有毒植物呢？

植物本來就擁有能對抗病原菌或害蟲的物質。這些物質大都是碳水化合物製成的。碳水化合物的話，只要行光合作用便能產生，所以，植物只要能夠成長，努力行光合作用，便可要多少有多少。相反地，對抗動物的手段，最有效的有毒成分是生物鹼。

生物鹼的原料為含氮的有機化合物。氮必須經由根部從泥土吸收上來，算是有限的資源。氮是構成植物身體的蛋白質的原料，對植物的生長而言，是不可或缺的。因此，植物如果要製造生物鹼等有毒成分的話，勢必得削減有助於生長的氮成分。對植物而言，不被動物吃掉很重要，但也不可能把力氣全都花在這種事上。想辦法長大，這點對植物而言更為重要。

基本上，植物的種類也很多，生長在食物選擇多、有很多東西可以吃的茂密區域，會被動物吃掉的機率，應該也沒有那麼高。與其辛辛苦苦守住那麼一點葉子，還不如想辦法長得比其他植物高大，盡可能開枝散葉比較實在吧！

草原植物的進化

但是，問題來了。

乾旱的草原水很少，土地也很貧脊。為了製毒而犧牲營養的話，生長的速度還趕不上被草食性動物吃掉的速度。而且，能夠吃的食物變少，草食性動物會一窩蜂地跑來覓食。這樣，要逃離草食性動物的殘害就有困難了。

在這麼嚴苛的環境下，達成完美進化的是禾本科植物。禾本科植物是怎樣度過這困境的呢？

首先，禾本科植物發展出不好吃、硬梆梆的葉子。

禾本科植物的葉子都很硬。為了讓葉子變得不好吃、不容易咀嚼，它用矽把葉子的質地變硬。矽是製造玻璃的原料，結構堅硬。部分讀者肯定有過在野外被芒草葉子割傷手指的經驗；芒草的葉子邊緣，有一整排鋸齒狀的細小玻璃物質。這個可不容易吃進肚中。

說到要不好吃、不容易吃，其實長刺也不失為一個好方法，但製造刺的成本跟製造葉子的差不多，得多花一倍的力氣，太不符合經濟效益了。但是矽的話，土裡面多的是，可以多加利用。

不僅如此，禾本科植物還讓葉子的纖維質變多，變得很不好消化。就這樣，禾本科植物想辦法讓葉子不會被吃掉，進而保護自己。科學家認為，禾本科植物開始在體內積存玻璃物質，大約在六百萬年前的事。

這點對草食性動物而言，可說是晴天霹靂。由於禾本科植物的出現，導致許多找不到食物吃的草食性動物因此而滅絕了。

蹲低身子，保全自己

但是，專門吃草的草食性動物不可能全部死絕。不過就是食物變難吃而已，並不足以讓動物放棄吃草這件事。

於是，禾本科植物又想辦法發展出好幾樣與其他植物不同的特徵。最大的不同在於，禾本科的生長點是靠近地面的。

一般植物的生長點都在莖的頂端。然後，隨著新細胞的層層堆疊，同時往上、下兩個方向發展。然而，這樣的生長方式有個風險，那就是一旦莖的頂端被吃掉，重要的生長點也會被吃掉。

於是，禾本科植物便想辦法把生長點降到最低。當然，禾本科的生長點也在莖的頂端，不過，為了把生長點保留在植株的底部，它的莖就不再往上長了，而是直接從那個地方長出葉子，讓葉子不斷地往上抽長。

如此一來，就算有動物來吃，被吃掉的也只是葉子前端的部分，不至於傷到生長點。這真的是完全顛覆植物生長方式的創舉。

不過，這個方法有一個很大的問題。

如果是層層堆疊的生長方式的話，只要進行細胞分裂就可以任意開枝散葉，長出茂盛的葉子。然而，單靠現有的葉子一味往上抽長的生長方式，就沒辦法增加葉子的數量了。

於是，禾本科植物又想出不斷增加生長點的辦法，叫做「分櫱」。禾本科植物的莖通常都不是很高，但就在它一點一滴地伸長莖的同時，靠近地面的枝椏也在不斷地增加。然後，原有的枝椏又會分生出新的枝椏，就這樣，靠著不斷複製接近地面的生長點，使得往上生長的葉子數增加。於是，禾本科植物就變成會從地面長出很多葉子的植株了。

不僅如此，就像前面已經介紹過的，禾本科植物的葉子堅硬不好吃，而它們為了不要成為動物的食物，更想辦法減少葉子的養分。禾本科植物把行光合作用得到的養分，全部儲存在葉子根部，名叫「葉鞘」的地方，或是莖的裡面。然後，再把看得到的葉子的蛋白質降至最低，讓它沒有太多營養成分，喪失作為食物的吸引力。

就這樣，禾本科進化成葉子很硬、營養低又難消化，不適合成為動物食物的植物。

草食性動物的反擊

禾本科植物不是合適的食物。不過，沒魚蝦也好，動物如果因為禾本科植物沒營養就不吃的話，那就等著被餓死吧。於是，為了應付禾本科植物的防禦策略，牛或馬等草食性動物也想辦法完成了進化。

例如，大家都知道牛有四個胃。這四個胃就是專門來消化纖維質多、堅硬且沒有營養的葉子的。四個胃裡面，和人類的胃差不多功能的，只有第四個胃。

第一個胃容量大，可以儲存吃進去的草。然後，再藉由微生物的活動，將草分解，產生營養，所以有類似發酵槽的功用。就像將大豆發酵變成營養價值高的味噌或納豆，或是將米發酵作成清酒一樣，牛在自己的胃裡面製造發酵食品，藉以提高食物的營養價值。

第二個胃負責把食物推回食道裡面，主要的功用是「反芻」。所謂反芻，是指把胃裡面的消化物再一次送回口中，進行咀嚼。牛吃完飼料後，就會躺下來，嘴裡不停地嚼動。就這樣，讓食物在胃和嘴巴間來來去去，好把禾本科植物逐漸消化掉。

第三個胃據了解，應該是為了調整食物的量而存在。它會把食物送回第一個胃或第二個胃裡面，也會把食物送往接下來的第四個胃。然後，第四個胃會分泌胃液，徹底把食物消化掉。換句話說，在真正的胃、第四個胃發揮功能之前，前三個胃已經把禾本科植物做好初步處理，讓它的葉子變軟，更利用維生素發酵，使它成為有營養的食物。

草食性動物體型龐大的理由

不只是牛，就連山羊、綿羊、鹿或長頸鹿，都是藉由反芻來消化植物的反芻動物。

不過，馬只有一個胃，但它有發達的盲腸，可以在盲腸裡面，藉由微生物將植物的纖維分解，自行製造出養分。此外，兔子也跟馬一樣，擁有發達的盲腸。像這樣，草食性動物們下了許多功夫，想方設法消化、吸收堅硬又沒營養的禾本科植物，獲取身體必需的養分。

話說回來了，牛和馬的食物來源，就只有幾乎沒啥營養的禾本科植物，何以它們能長得那麼大呢？

草食性動物裡面，也有像牛和馬一樣的，主要以禾本科植物為食物的動物。為了消化禾本科植物，它們必須發展出特殊的內臟，比如說四個胃或是長且發達的盲腸。再者，因為禾本科植物的營養本來就少，為了獲取足夠的營養，它們必須吃大量的禾本科植物才行。

於是，為了擺放這些功能特殊的內臟，就必須有容量大的身體了。

Chapter

19

弱小的智人——四百萬年前

DARWIN

被趕出森林的猴子

以目前的考古結果來看，科學家認為人類的起源地在非洲。人類是如何誕生在地球上的？至今仍是個謎。不過，有一派說法認為，它跟非洲大陸發生的巨大地殼變動有關。地函對流造成非洲大陸受到劇烈推擠而隆起，形成了所謂的「東非大裂谷」。

東非大裂谷將非洲大陸分成東西兩半。相較於大裂谷的西邊始終保持著蓊鬱的森林，東邊則因為降雨減少，森林一下子變成了乾枯的草原。

東非大裂谷的西邊，猴子們一如既往地在茂密的森林裡過著養尊處優的生活。然而，住在森林逐漸減少的東邊猴子可就完蛋了。對一向被森林保護得好好的猴子而言，草原並非可以安居樂業的地方。食物少不說，連躲避肉食性動物追捕的遮蔽物都沒有了。在草原，猴子是弱小的存在。這樣的猴子是如何克服艱困的環境，倖存下來的？這些都是未解之謎。

猴子們不但沒有滅亡，反而想辦法活下來，完成了進化。據研究推測，從猴子變成人類，大約是在七百萬年前到五百萬年前之間。克服嚴峻環境而活下來的人類，發展出其他動物都沒有的能力，比方說用兩條腿走路或學會使用工具。

接著，他們更把「智能」這把利劍握在了手中。

人類的對手

我們活在現代的人類，生物學上的名稱叫做智人（Homo sapiens），意為「有智慧的人」。

據推測，人屬的生物出現在地球上，大約在四百萬年前。從那之後，不斷有人屬的人種出現，然後滅亡。

我們智人一直要到很後面的距今二十萬年前才會出現。

同一時期，還有作為智人競爭對手的尼安德塔人（Homo neanderthalensis）。尼安德塔人應該是三十五萬年前，從非洲遷移出來的人類子孫。相較於此，一直留在非洲的人類則慢慢進化成為智人。較早進入寒冷地區的尼安德塔人，在進化的過程中，獲得了高大健壯的身軀。

跟熱帶的馬來熊相比，居住在寒帶的棕熊會比較巨大，而居住在北極的北極熊則更加巨大。龐大的身軀有利於維持體溫，這樣才有辦法在嚴寒的地區生活下去。**同一種類恆溫動物的體型，會隨著其生活地區的緯度或海拔高度而變大的現象，被稱為「柏格曼法則（Bergmann's rule）」**。

在寒冷地區發展得很好的尼安德塔人，是擁有強大力量的大型人類。相較於此，非洲土生土長的智人則體型小、力量又弱。

後來，這弱小的智人終於也走出了非洲，並與尼安德塔人相遇了。

滅絕的尼安德塔人

與體型小的智人相比，不得不說尼安德塔人是比較優秀的。他們擁有強壯的肉體和強大的力氣。而且，腦容量也比智人的大得多。所以說，尼安德塔人擁有比智人更好的體力和智力。

可是，為什麼尼安德塔人滅絕了，如今稱霸全世界的反而是智人呢？到底是什麼造成尼安德塔人與智人截然不同的命運？

研究發現，智人雖然腦容量比較小，但有助於溝通的小腦卻十分發達。

團結力量大！

弱小的智人聚集起來，過著群居的生活，更為了彌補自己力量的不足而發明出許多工具。尼安德塔人也會使用工具，但是生存能力優異的他們多是自己獨居，不會聚在一起。因此，就算生活中發明了新工具，或是學到了新技術，也不會互相交流。

相反地，過著團體生活的智人只要一有新的點子出現，就會馬上與他人分享。其中，甚至有人青出於藍，想出更高的點子。就這樣，藉由團結在一起，智人研發出很棒的工具或技術。

結果就是尼安德塔人消失了，反而是能力較差的智人留在地球上。

Chapter

20

從進化得到的答案

DARWIN

第一好？還是唯一好？

日本偶像團體SMAP的暢銷名曲《世界上唯一的花（世界に一つだけの花）》有這樣的歌詞寫道：「無法成為第一也沒關係，只要成為那最特別的唯一就可以了。」

針對這經典名句，分成兩派意見。

有一派主張：確實如歌詞所言，成為唯一、有自己的獨特性比較重要。輸贏不代表一切，不是每個人都得拿第一。我們每個人都是世界上獨一無二的存在，只要當唯一就可以了。

另一派則持相反的意見：身處競爭激烈的社會中，當唯一就可以的說法太天真了，沒辦法生存。不管怎麼樣，還是要拚第一。

是成為唯一比較好呢？還是成為第一比較好？

你呢？你贊成哪一種說法？

其實，三十八億年的生命歷史，已經給了我們明確的答案。

所有生物都是第一

只有第一名才能活下來，這是自然界的鐵則。

在第一七五頁，我們曾介紹過草履蟲的實驗。在同一個水槽裡放進兩種草履蟲，直到其中一種滅亡為止，它們會不斷地競爭、爭鬥。然後，勝者留下來，敗者則消失滅亡。

只有第一名能生存下來。這是自然界訂下的嚴格定律。人類的世界的話，第二名還可以得到銀牌；但在自然界，第二名是不存在的。第二名的敗者只能走向滅亡一途。

不過，有一件事很不可思議。

既然只有第一名能活下來，那照理說地球上應該只有一種生物呀？不過，放眼自然界，住滿了各式各樣的生物，這是怎麼一回事呢？

只有第一名能活下來的自然界，這些生物是怎樣做到和平共存的？

草履蟲的另一個實驗，發現有兩種草履蟲是可以共存的。方法就是，其中一種草履蟲住在水槽的上層，以大腸菌為食；另一種草履蟲住在水槽底部，以酵母菌為食。換句話說，它們一個是水槽上方的第一名，另一個則是水槽下方的第一名。

像這樣，**把第一名的項目分開，就可以達到共存的境界**。這個只有第一名能獨佔的場所叫做利基。利基就是專屬於某種生物的生態區位。換句話說，它也是最最獨特的「only one」。

所以，**所有生物在它們專屬的利基點上，它們同時是唯一也是第一**。想辦法在地球的某個地方找到利基的生物，就可以活下來，找不到的只能走向滅亡。**自然界說穿了，就是利基之爭**，沒有其他。

利基越小越好

那麼，要怎樣做，才能找到屬於自己的利基呢？

要怎樣做，才能成為某個領域的第一呢？

我們就舉棒球為例子好了。要成為世界的第一，想必很困難。但成為日本的第一呢？高中棒球的話，成為日本的第一應該要比成為世界的第一簡單多了吧，但是還是只有一小撮選手能達到這個目標。那麼，成為各縣市的第一怎麼樣？再不行的話，各鄉鎮的第一？還是不行的話，就各學區的第一好了。

像這樣，只要把範圍縮小，成為第一名就會容易許多。換句話說，利基是越小越好。如果一定要成為第一才能生存的話，那我寧願成為學區的第一，而不是世界的第一，因為要保持世界的第一太難了。我想，不管再強勁的隊伍都會做出這樣的選擇吧？

況且，在棒球成為第一的方法多的是。

棒球比賽如果不論勝負的話，可能有一隊是打擊的第一，另一隊則是防守的第一，如此一來，兩邊都是贏家。不然的話，當跑壘的第一也行，或是接球準確的第一也可以。或許也有冷板凳中聲音最宏亮的第一，或是無人不知、無人不曉的名氣第一吧？像這樣，只要把條件分細一點、區隔開來，成為第一的機會就會大出許多。

市場行銷學有所謂的利基市場，指的在大市場夾縫中的小市場。然而，在生物的世界，利基並不代表縫隙。利基大固然很好，不過，要維持大的利基過於困難，因此，**所有生物寧願守著小小的利基。牠們採取的策略是，先把利基細分開來，再一起瓜分它。**

成為第一的方法多的是。所以，地球上才能同時並存著這麼多生物。

「低調避開」好過「正面迎戰」

就算搶到屬於自己的利基了，也不能保證永遠都是第一。所有生物都想擴大自己的生存範圍，利基的重疊在所難免。有時候不小心，還會有新生物侵犯到自己的利基。

一個利基只容許一個物種生存。既然如此的話，勢必引發激烈的爭鬥，你死我活囉？那也未必。

在生物的世界裡，「輸」意味著從這個世上徹底消失。什麼「寧為玉碎、不為瓦全」，什麼「決不畏戰」、「不成功便成仁」的，人類之所以可以把話講得這麼滿，是因為人類就算輸了，也還是可以活著。

但生物的話，輸了就全完了。如果可以的話，「能不戰就不戰」吧！這才是大家的心裡話。而且，經過一番激戰後，就算打贏了也會元氣大傷。又或者，把力氣都花在打架上了，一旦天降橫禍，例如：環境變化什麼的，可能就沒有餘力去克服了。

因此，**不輕啟「戰端」，是生物的策略之一**。

但話又說回來了，也不可能把重要的位子讓出去，只顧著逃命，對吧？因為，不管在哪裡，只有第一名、第一才能活下去。於是，生物便以自己的利基為中心，就近或在差不多的條件下，尋找新的、可以成為第一的利基。也就是**想辦法跟別人的利基「錯開」。這個錯開的策略被稱為「利基轉移」**。

錯開的方法有很多種。就說草履蟲好了，有住在水槽上方的和住在水槽下方的，它們採取的是場所錯開的方法。當然，就算在同一個場所，還是有許多生物可以共存的。比方說非洲的大草原上，斑馬吃的是草原上的草，長頸鹿吃的是樹上的葉子，雖說生活在同一個地方，它們的食物卻錯開了。或是，有的動物在白天活動，有的動物在晚上活動，把活動的時間錯開也是一個方法。如果是植物或昆蟲的話，則還有把季節錯開這一招。

像這樣，想辦法在某個條件上跟別人錯開，所有生物就都能找到屬於自己獨一無二的位子。於是，**藉由棲息地的錯開與分享，生物得以完成進化**。

當然，這個利基的思考模式，是以物種為單位的生命奮鬥史，並非單一個體的生存策略。不過，對於我等現代人類生存的社會而言，也是極具有啟發性的。

多樣性很重要

就這樣，自然界充滿了各式各樣不同的生物。

不過，有件事很奇怪。

所有生物全是從單細胞生物演化而來的，單細胞生物可說是我們共同的祖先。如果真是那樣的話，那就它自己直接進化就好了，幹嘛要分出那麼多種類的生物呢？一種生物獨佔整個地球也不錯呀！雖然源自同一個祖先，後代子孫卻互相競爭，鬥個你死我活。兄弟姐妹間不斷上演著骨肉相殘的戲碼，真是殘酷。

地球上有各種不同的環境。而且，這些環境不停地在變化。生在這樣的地球上，要怎樣才能活下去呢？答案不只一個，也沒有絕對的標準答案。

若真是這樣的話，那要多準備幾個腹案才好。於是，為了多方嘗試，生物從共同的祖先分出了許多分支。放眼地球，有動物、有植物，也有始終是單細胞生物的小生物。

就說我們哺乳類的世界好了，有大象那樣的龐然大物，也有小到不起眼的老鼠。有在天上飛的蝙蝠，也有在海裡居住的鯨魚和海豚。

據研究，地球上總共有七十五萬種生物。生物於進化過程中，不斷產生分歧，藉以達到多樣性。

不僅如此。我們人類多達七十億人，縱使有相似的人，也絕對沒有一模一樣的人。也沒有同樣性格、同樣能力的人。相同的基因型是不存在的。本來同卵雙胞胎的基因型是相同的，但是，人類受到環境的影響，性格或能力就會產生變化。因此，即使是雙胞胎，也不會發展出同樣的人格。**所有人都是世界獨一無二的存在**。

生物的世界也是一樣的。同一物種之間，也會有許多不同的類型。即便是蚯蚓、毛毛蟲，每一個的基因型也都不一樣，全是絕無僅有的唯一。生物從「不同」中發現了價值。或許在人類的世界裡，這就是所謂的「個性」吧。

人類創造出的世界

進化到最後產生的人類大腦，十分優秀。

怎麼說呢？三十八億年前發生的事，雖說沒有親眼所見卻能想像得出來，這厲害吧？但，令人意外的是，人類的頭腦對自己居住的自然界卻不是很瞭解。進化之後的生物世界，豐富且多元。所有生物都有自己的獨特性，且互相關連。人類的頭腦卻沒辦法搞清楚這麼複雜的世界。

不，與其說是沒辦法，倒不如說是人類選擇不那麼做。為了要在自然界生存，人類發展出把事情單純化的能力，只吸收對自己有利的情報，而不是去瞭解整個複雜的世界。

自然界是沒有界線的，一切都互有關連。

比方說，日本的富士山到哪裡才是富士山？大家都認為在靜岡縣、山梨縣境內的才是富士山。不過，富士山的地基是一直延伸出去的，是沒有止境的。何止是富士山，一整片大地都是沒有止境的，可人類卻標出了國界、縣界，試著加以區隔。

那海洋與陸地的分界又在哪裡呢？就看滿潮時，潮水打到哪裡來決定。也許在地圖上，可以藉由潮位的平均值來分出海洋與陸地，但其實潮水是一波波打上來的，海洋與陸地的界線也一直在變化中。

分類、區別——人類大腦最擅長的伎倆。

狗和貓是不同的生物。那狗和狼又如何呢？在生物學上，狗和狼被視為同一物種。可是，你會說：狼和家裡養的馬爾濟斯或臘腸狗，明明就不一樣呀。那我問你：哪裡不一樣了？反正就是不一樣！這下你又回答不出來了。馬爾濟斯和狼明明就不一樣，但真的要說卻說不出個所以然，對吧？

或許你會說：大小不一樣。那剛出生的小狼寶寶，大小總一樣了吧？或許你又會說：顏色不一樣。那狼也有白色的呀，這下不就一樣了？應該沒有人會把狗和貓搞混吧？但是，真的要說它們哪裡不一樣，卻又挺困難的。

那我再問你：海豚和鯨魚哪裡不一樣了？海豚和鯨魚的大小不一樣。三公尺以上的是鯨魚，兩公尺以下的是海豚，是有這樣的定義。然而，在生物學上它們並無不同，這純粹只是人類為了方便區別而訂下的標準。

提倡〈進化論〉的達爾文曾說過：「不能分類的東西，你硬要去分類是不行的。」

自然界是沒有區別的，是眾生平等的。都說兩棲類是從魚類進化而來的。那麼，它們的分界線在哪裡呢？總不至於有

一天，突然魚類就變成兩棲類了。

我們智人的起源到現在還不是很清楚，目前比較肯定的說法是我們的直系祖先是直立猿人（Homo erectus）。假設智人的祖先真的是直立猿人好了，難不成直立猿人的母親生出來的小孩就直接是智人了嗎？這不可能吧。既然如此的話，那智人是從什麼時候開始變成智人的呢？

巨大的變化不是一下子就發生的。母親和小孩擁有不同的個性，有少許的不一樣。這少許的不一樣慢慢累積，終於產生了大變化。照這個邏輯推理下去，就像達爾文所講的，人類和猴子並無明顯的差異。不僅如此，再往前推的話，我們人類

直立猿人

和植物也沒有明確的區別。甚至，我們跟微生物也差不多。

東京的市中心和富士山的山頂是完全不同的兩個地方，卻無法清楚地把它們劃分開來。同樣地，從共同祖先進化而來的所有生物也都是一樣的，彼此之間並無清楚的界線。

名為「普通」的不實幻想

人類的大腦對錯綜複雜、互相牽連的這個世界，並無法達到全盤的瞭解。因此，他們就想辦法分類，把一切單純化。東西太多了，無法理解，所以要「盡可能把它整理好」，大腦是這麼想的。

這世上有各式各樣的生物，就說蔬菜好了，每個的形狀、大小都不同。可是，這樣一來就不方便採收了，要裝箱也很麻煩，陳列在架上更是辛苦，連價格都要分開標示。於是，人類想辦法把蔬菜這種生物弄得統一整齊。

人類自己也是，每個人的臉都不一樣，個性也都不相同。不過，這樣的話太複雜了，於是大家用同一本教科書，上同樣的課，然後再依考試成績排出名次。就這樣，藉由分類整理，人類的大腦終能理解複雜的事物。

不想把事情搞得太亂、太複雜。這樣的人類最喜歡使用的詞彙就是「普通」。經常聽到「普通人」什麼的，那是什麼樣的人呀？身高要多少才算普通人？如果給個範圍的話，是在幾公分到幾公分之間呢？「普通人」的臉又該長成什麼樣子？

生物的世界，要「不一樣」才能創造出價值。正因為如此，這世界才能如此豐富多元。絕對沒有兩個一模一樣的人，每個人都是獨一無二的，不可能是「普通的」、「均一的」。

普通這個詞，是為了判斷不普通而存在的。因為生物的世界本來就沒有普通或平凡這種東西。甚至連普通和不普通的區別都沒有。當然，我們是人類，必須把複雜的東西單純化、平均化，再排個順序，才有辦法理解，對吧？

不過，這個方便我們大腦運作就好，千萬不能忘了這世界原本是如此豐富多元的呀！

後記
最後是敗者活了下來

回顧地球的歷史，發生過許許多多的事。有開心的時候，也有悲傷的時候。不過，生命還是頑強地活了下來。是的，活下來的才是勝利者。

這是個弱肉強食的世界。然而，地球的歷史是否也是如此呢？

地球自有生命以來，最初造訪的危機是使海水完全冰凍的雪球地球事件。這件事是地球規模的大異變。

就在地球有生命誕生時，直徑數百公里的小行星撞上了地球。撞擊的能量使海水全數蒸發，地表氣溫達到四百度的高溫灼熱。於是，在地球繁衍興盛的生命一下子全滅亡了。類似的海水完全冰凍或蒸發事件，據推測應該不止一次，而是發生過好幾次。

這個時候全靠一路逃到地底深處的原始生物，把生命延續了下去。就這樣，把生命延續下去的生物又再次碰到的危機，這次是使地球表面完全結冰的大冰河時期。

這個時候的地球溫度降到了攝氏負五十度以下。全球結冰使得地球上大多數的生物因此而滅亡了。於是，延續生命的棒子又交到了躲進海洋或地底深處的生物手上。

就這樣，地球不時發生劇烈的變動，每次一遇到全數滅絕的危機時，把生命延續下去的，往往不是曾經繁榮興盛的生物，而是被趕到偏僻角落、苟且偷生的生物。

所以，危機後必有轉機。

每渡過一次雪球地球的危機，生物就會發展得更加興旺，達到進一步的進化。真核生物的出現、多細胞生物的出現，甚至革命性的進化發生，都是在雪球地球之後。

然後，古生代的寒武紀，發生了被稱為「寒武紀大爆發」的物種爆炸性增加事件。寒武紀大爆發導致形形色色物種的出現，更有了強大生物與弱小生物的區別。

大吃小，小再吃更小的。為了增加自己的防禦力，有的生物開始長出堅硬的殼或銳利的刺。但另一方面，也有毫無防身技能，只能一味逃跑的小生物。這類弱小的生物便在身體裡面發展出被稱為脊索的硬筋，鍛鍊出能躲過天敵追殺的高超泳技。它們便是魚類的祖先。

但是，後來在發展出脊索的魚類中，也有強大的物種出現。於是，比較弱小的魚就被趕到了潮間帶。然後，更弱小的魚則被趕往了河川，甚至是河川的上游。就這樣，越弱小的就越往小溪或水塘等水少的地方逃躲，但後來卻是它們成了兩棲類的祖先。

在巨大的恐龍昂首闊步的時代，人類的祖先不過是像老鼠般的小哺乳類。我們的祖先為了躲過恐龍的耳目，只在夜晚恐龍睡著時出來覓食、活動，選擇了夜行性生活。經常曝露於恐龍捕食威脅之下的小哺乳類，聽覺、嗅覺，以及掌管這些感覺的大腦變得十分發達，更鍛鍊出敏捷的運動能力。

為了躲避地上的敵人而逃到樹上的哺乳類，最終進化成了猴子。然後，突然有一天，蓊鬱的森林乾涸了，變成了貧脊的草原，失去森林的猴子為了保護自己，又進化成了靠兩條腿走路，會使用火和工具的人類。

人類裡面能力輸給尼安德塔人的智人，會聚集起來，共享彼此的技術和智慧。結果成功贏過尼安德塔人。

回顧生物的歷史，活下來的往往是弱者。開創新時代的，往往是敗者。敗者們克服逆境，忍耐蟄伏，不斷上演大逆轉的戲碼。

正所謂「捲土重來」。

靠著一直逃、一直躲，我們的祖先活了下來。不管再怎麼辛苦，先保命再說。我們就是這樣頑強的敗者的子孫。就這樣，好不容易你終於獲得了生命，出現在地球上。

仔細一想，這真是太了不起了。怎麼說呢？你能來到這世上，是地球自有生物以來，一秒鐘、一眨眼都不間斷地把生命傳承下去的結果。

生命的歷史中，曾有無數次的大災難席捲地球。幾番曝露在嚴苛的環境中，許多生物因此而滅亡了。只有少數的生物殘存了下來，這樣的大變故也曾發生過好幾次。可與你血脈相連的祖先竟然倖存著，把生命的棒子傳了下去。

然後，一棒一棒地好不容易把棒子交到了你手上。所以，你現在才會在這裡。如果這不是奇蹟的話，什麼才是奇蹟呢？

有人說：「個體發生是系統發生的不斷重複。」

試想，你最初出現在母親肚子裡的時候，會是什麼樣子呢？難道是像魚類或是兩棲類的小寶寶那樣，是個小蝌蚪的形狀嗎？當然不是。

在母親的肚子裡住著的時候，你只是個單細胞生物。就一顆卵細胞，等著精子過來，進行受精。就像我們的祖先曾經是單細胞生物一樣，最初有生命進駐的時候，你也只是一個單細胞生物。

然後，你慢慢地進行細胞分裂，從一個細胞變成兩個細胞，兩個變成四個，四個變成八個，八個變成十六個……。然後，現在，據說你的身體裡總共有七十兆個細胞。這所有的細胞都是你的分身。透過不斷的細胞分裂，你變成了多細胞生物。

然後，本是球狀的你的身體，變成中空，進化成了筒狀，更發展出許多內部構造。幾乎每一種生物都經歷過這樣的演變。

接著，你長成了有尾巴的魚的形狀。後來，你的尾巴退化成了七根手指；這應該是登上陸地時留下的紀念品吧？不過，後來七根手指又退化成五根。

人類的妊娠期是十個月又十天。在這期間，必須不斷重複長達三十八億年的生命歷史過程，才有了你的出生。你的每一個DNA裡面都刻劃著生命的歷史。

然後，當我們獲得生命的同時，也背負著死的必然。

死是生命為了進化想出的辦法。

請試著回想一下。

單細胞生物如果只是進行細胞分裂的話，是不會死亡的。

不過，後來單細胞生物變成會跟同伴交換基因，進行細胞分裂。分裂後產生的新細胞跟原有的細胞不一樣。必須讓舊細胞死亡，新細胞才會出現。正所謂

「SCRAP & BUILD（破壞再重建）」。

就這樣，經由不斷地再生、變化，生命選擇了永恆不滅的道路。

它們並非就此消失了，透過細胞分裂，它們的基因確實傳承下去。就算舊細胞死了，新細胞身上還是會有同樣的基因。所以，死不代表一切就結束了。

基本上，我們人類與單細胞並無不同。就算我們的身體消失了，還是會有一個細胞把我們的基因確實傳承下去。那個細胞對女性而言，是卵細胞；對男性而言，則是精細胞。

母親體內經由細胞分裂產生的卵細胞，和父親體內經由細胞分裂產生的精細胞結合，會形成一個全新的受精卵。藉由這種方式，我們的基因得以傳承下去。這跟單細胞生物為了延續生命所做的並無不同。

我們的祖先也是像這樣進行細胞分裂，然後把基因傳給了我們。

漫長的三十八億年，我們就這樣一路活了下來。

我們是永恆不滅的。

PHP Editors Group的田畑博文先生，在出版相關事務上，有勞您了！

謹致上我最誠摯的謝意

稻垣榮洋

國家圖書館出版品預行編目(CIP)資料

敗者為王 / 稻垣榮洋著 ; 婁美蓮譯. -- 初版. -- 新北市 : 文經社, 2020.03
面 ; 公分. -- (文經文庫 ; 326)
譯自 : 敗者の生命史38億年
ISBN 978-957-663-784-1(平裝)

1.演化論 2.生物

362 109000790

文經社

文經文庫 326

敗者為王：進化論忘了告訴我們的事

作　　者　稻垣 榮洋
譯　　者　婁美蓮
繪　　圖　宇田川由美子
責任編輯　謝昭儀
封面設計　詹詠溱
版面設計　洸譜創意設計股份有限公司
出 版 社　文經出版社有限公司

地　　址　241新北市三重區光復路一段61巷27號11樓之1
電　　話　(02)2278-3158、(02)2278-3338
傳　　真　(02)2278-3168
E－mail　cosmax27@ms.76.hinet.net

印　　刷　科億印刷股份有限公司
法律顧問　鄭玉燦律師

發 行 日　2020年3月初版　第一刷
定　　價　新台幣380元